天文学シリーズ④

# ミルキーウェイ銀河

奥山　京

東京図書出版

# まえがき

　高専教師時代、公務員官舎に住んでいた。勤務高専の運動場に沿って建っていて、田舎町だったので、夜空の星がよく見えたところだった。夏休みが終わる頃、夜空を見上げると、天頂から少し西のところに白鳥座が見えた。その白鳥は、天の川の上を飛んでいるようだった。その天の川を北に辿るとカシオペア座が見える。そして、東の空を見るとペガサス座の大きな正方形が上がってくる。その正方形の北東の星はアンドロメダ座で、その星から北北東方向に星のラインがある。そのラインの2つ目の星から少し天頂にいったところにアンドロメダ銀河がある。十分に暗い地域で、目の良い人だと肉眼で見ることができる。あるいは、この付近を写真に撮ると、小さい雲のような天体が見つかるだろう。それがアンドロメダ銀河である。私が中学生時代は、アンドロメダ大星雲と呼ばれていたが、その後の望遠鏡の進化から、その中の星の動きまで観測できるようになった。

　逆に南に辿ると射手座が見え、その西に沈みかけている蠍座が見えた。道端の街灯以外に光のないところで、秋口になり空気が澄み切った夜は、特に天の川が綺麗だった。射手座は「ティーポット」に見えるという動画が多いが、私には弓を引いて蠍を狙っている狩人に見える。時期をもう少し逆に辿ると、南の空に見事な蠍座を見ることができる。その蠍の尻尾が、跳ね上がっているのも特徴的だ。これは、間違いなく動物

I

のサソリに見える。

　ここで、春先の北の夜空を思い出してみたい。北極星を中心にして見た夜空を考えてほしい。北極星の東に、これから上がって来る北斗七星があり、北極星に関して対称な位置にカシオペア座がある。カシオペア座は、これから北西の方向に沈んでいく時期である。この夜空のエリアを1時間おきに観察すると、星の日周運動に出会える。なお、北斗七星は「星座」ではなく、これは「アステリズム」である。北斗七星が所属する星座は大熊座であるので、間違わないようにしてもらいたい。

　実は、この夜空の地域が、私の高校入試の理科の問題に出題されたのを今でもはっきり覚えている。この夜空のエリアの図が書いてあって、要するに「北極星」を見つける方法を聞くことが、この問題の趣旨だった。そこで多くの細かい問題があったのを思い出す。高校入試日に近い時期で、毎日夜空を見ていたので、これはラッキーで完璧にできた。大きな設問の1つが完全にできたので、理科は思ったより得点が取れた。

　初めて南半球に行って、夜空を見上げたのは、8月上旬だった。オーストラリアのパースという街で、現在ほど大都会ではなかったが、天の川を確認することはできなかった。実のところ、天の川が何処に見えるかを知らなかったと言った方が良いようだ。

　その後、何度もパースに行って夜空を観察した。滞在は年末が多いので、夕方、午後8時頃に南の空を見ると、南十字座は地平線の上にある。それから2時間後くらいにもう一度南十字座を見ると、時計で言うと7時から8時の位置に来ている。前

述の北半球の北極星を中心にした日周運動は、時計とは逆回りであるが、南半球では、天の南極を中心にして、時計回りをしている。なお、天の南極には、わかりやすい星はないので、全体的な構図を考えた方が良いようだ。南半球に旅行をする予定があれば、出発前に北半球の日周運動を理解して、この南半球の日周運動を見ると違いがよく理解できるだろう。

　数年前、友人の好意でパース天文台に連れて行ってもらい、この天文台のナイトツアーに参加した。山の上の天文台ではなく、山の中の平地で、大きなドームのようなものはなく、３カ所に望遠鏡が設置されていて、それぞれのターゲットが違っていたので、順番に見せてもらったことがある。望遠鏡で見た天体の印象は、別にこれと言ったことはなかったが、辺りが暗かったので、天の川がよく見えて、その中に「南十字星」が見えたのが印象的だった。それを指差すような、光輝な星が２つある。アルファ・セントーリとベータ・セントーリで、外国人はこの２つの星を「ポインター」と言っている。なお、アルファ・セントーリＡを国際天文学連合が、2016年に「ライジル・ケンタウルス」と改名した。

　実は、南十字星が天の川内にあり、ポインターがそれを指している動画は、次のサイトで見ることができる。パースまで行く必要はないようだ。


https://www.youtube.com/watch?v=LwZel_emm3Y&list=LL&index=36&t=153s&pp=gAQBiAQB

何度も書いているように、この原稿は *Astronomy* というアメリカのベストセラーマガジンの記事を多く取り入れている。中学時代から苦手だった英語で書かれているが、内容を知りたい一心でトライした。最初は1ページ読むのに一週間以上必要だった。しかし何度もトライしているうちにだんだん速く読めるようになった。

　*Astronomy* の内容は高校物理が理解できていれば十分に読み進んでいける。だから現在高校生、大学生で天文学に興味のある方は是非トライしてほしい。月刊誌で値段は税抜き6ドル99セントである。ネットで購入できる。

　また、現在は YouTube で天体の動画がすぐに見られる時代である。スマホ片手にこの本を読み進んでいってもらいたい。時々、サイトが出てくるので、そこにアクセスして動画を見てもらいたい。

　また初心者には YouTube では次の動画がお勧めだ。

⑴　Learn the Sky
⑵　The Night Sky with Zachary Singer

　両方とも星座の説明をしているだけで、10分から15分くらいの長さである。これには英語字幕 CC が入れられる。今喋っている英語が下に出るシステムだ。これを使って何度も見ると、星座名や星の名前を英語で聞き取れるようになるだろう。YouTube に登録すると、あなたにお勧めと言って関係動画を紹介してくれる。興味があればそれらも見ていくといろいろなこ

とが学べるだろう。なお、「Crux」で検索すると、上記の2つのサイトで、南十字星付近の動画を見ることができる。

　我々の学生時代は星を見るには夜外に出ないといけなかった。それも天気の良い夜に。しかし今は昼間でもいろいろな星の動画を見ることができるようになっている。羨ましい限りである。だからそれらを有効に活用してもらいたい。

宇宙暦56年（2024年）春

# 目 次

第 1 部

# 銀　　河

# 第1章　銀河観測史

## 古代の見地

　夜空の最初の記録は、苔むした巨石記念碑にある。そこには、ニューグレンジが入る。これは、アイルランド北東部ボイン川北岸にある新石器時代の石組みの巨大な墓室である。他には、英国のストーンヘンジや古代エジプトのピラミッドが入る。

　ミルキーウェイ銀河との最初の明確な関係の1つは、ミュケナイのアクロポリスにある。青銅器時代の金の認印付き指輪には、ミルキーウェイの豊富な比喩が描かれている。ここにバスティーな女神が、当時も睡眠発作の気怠さを生じることが知られていたケシのミルクのような樹液で、誘惑していたことが含まれている。そして、これらの神秘的な複数のバスティーな乙女の頭の上や足元に、太陽と月と考えられるものが、ミルキーウェイ自体を表現すると考えられる2つの平行した波打つライン上にある。

　その後、この女神がミルクを天に撒き散らし、ミルキーウェイができたという話になったようだ。数千年後、イオニア系ギリシャ人学者デモクリトスが、ミルキーウェイは、非常に接近した光沢のある小さい星の集まりと描写した。これは、後に、イタリア人天文学者ガリレオ・ガリレイによって確認された。

ギリシャの影響を受けたローマのミルキーウェイの理解は、ミルクの川だった。伝説によれば、この川の創造は、女神ヘラで始まった。ヘラの母乳は、それを飲んだ者は、誰でも不老不死になることが知られていた。ヘラはゼウスの妻であるが、ゼウスは浮気者で、多くの子供をヘラ以外に産ませていた。あるときヘラが寝ていると、ゼウスは不老不死の願いを込めて、浮気の子ヘラクレスをヘラの乳首の側に寝かせた。目覚めたヘラは、ヘラクレスを突き放した。そのとき撒き散らされたミルクが、空に噴霧し、ミルキーウェイがつくられたという。

　今日の天文学者は、古いギリシャ語「galaxias（銀河）」という言葉を使うが、これは「ミルキー・サークル」から来ている。

　中国には、次のような話がある。それは、秦王朝の時代まで遡り、ニウ・ラングとジ・ヌの物語がある。この二人は恋人同士であって、ミルキーウェイである「天の川」で離れ離れになっていた。この話によると、ミルキーウェイの東に位置する琴座の光輝な星ベガがジ・ヌで、彼女は機織り娘であった。そして、ミルキーウェイの西にある鷲座の星アルタイルが、ジ・ヌの彼氏ニウ・ラングで、彼は牛飼いだった。幸薄き恋仲の二人は、各自の仕事を怠り、ジ・ヌの母である天空の女王を苛立たせた。それで、二人は夜空のベガとアルタイルの位置に置かれた。しかし、年に１回、離れ離れの境遇から解放された。その日が、７月７日の日本で言う七夕である。ただし、これは旧暦である。この日、二人は、二人を隔てているミルキーウェイに架かるカササギの橋上で会った。中国では、ミルキーウェイ

にまつわるロマンスが、祝われ続けている。少女は、ジ・ヌに供物をして、良き夫を探せるようにお祈りする。7月7日の夜、人々はそのようにして、ミルキーウェイと2つの光輝な星を見つめる。

オーストラリア原住民アボリジニーは、ミルキーウェイを次のように見ていた。ミルキーウェイは、創造の最高権威として鍵を握る役割を果たした。ミルキーウェイは、偉大な蛇「ワランガンダ」として知られている。地球もまた「アンガット」と呼ばれた蛇だった。ワランガンダとアンガットが協力して、地球上に生息する全ての生き物を考えて創造した。その生き物には、アボリジニーの先祖と神秘的なワンドジマを含んでいる。ワンドジマは、雨と肥沃をもたらす神と考えて良いようだ。ワランガンダ、アンガット、そして、ワンドジマの古代の岩石壁画が、北西オーストラリアのキンバリーアウトバックで発見された。その後も連続的に、時代時代のアボリジニーが、その絵の補修を行ったが、この岩石壁画は、17,000年以上前のものと考えられている。

アマゾン熱帯雨林のデサナ・インディアンは、ミルキーウェイの中に2匹の絡みあった蛇を見た。1匹はオスのニジボアで、もう1匹はメスのアナコンダだった。この想像上の絡まったものは、ミルキーウェイに沿って波打つ光と陰の絡まった一区画の中に感知できる。

メキシコのアステカでは、同様の2匹の蛇が、創造物語の中で主役を演じる。有名なアステカのサンストーンは、この神話の構成要素を描いている。そこには2匹のドラゴンがいて、そ

の2匹のドラゴンを取り囲むように、その蛇の口から現れた創造神ケツックアトルとテスカトリポカがいる。幾人かの民俗学者によると、これらの蛇は、ミルキーウェイを象徴していると言う。

ペルー中部のケチュア・インディアンは、ミルキーウェイの黒い区画に焦点を絞り、それらに現地動物の名前を付けた。ミルキーウェイの彼らの高い構造的見方は、晴天の月のない夜、我々が実際に見るものに対して当を得ている。例えば、光輝な南十字星の隣に位置する石炭袋（コールサック星雲）は、明らかにユツ、つまりシギダチョウに見える。

現在のグァテマラであるマヤ、ベリーズ、そしてメキシコは、「世界樹」としてミルキーウェイを説明した。黄泉の国から大空に突き出した世界樹は、1つの領域からもう1つの領域に移動する方法を供給した。カリフォルニア・インディアンは、ミルキーウェイを「夜空のバックボーン」、「幽霊の痕跡」、そして「魂の経路」と呼んだ。それらは、特に種族と場所に依存される。彼らの描写した人工遺物は、岩彫刻、砂絵、儀式用の地上表示、そして鷺の綿毛で作られたヘッドバンドに含まれる。

多くの多様な文化は、ミルキーウェイについての概念に顕著な類似性を持っている。死者の帰宅、あるいは神や死去した英雄に対する天上の経路を意味する。文化の境界を超えて、ミルキーウェイは、その象徴的、自然科学的、そして宗教的特徴を保有していると古代文明の天文学研究者は言う。

# 望 遠鏡の登場

　ガリレオは、1609年、パドヴァ大学で数学を教えていた。そのとき、彼はオランダから来た奇妙な光学機器を知った。それは、遠いところにあるものを非常に近い距離にあるように見せると言われていた。当初オランダ人の発明だったものを改良して、ガリレオは20倍、あるいは30倍の拡大ができる機器を作った。1609年の秋と1610年の冬、ガリレオは、その機器を夜空に向けて、次から次へと驚くべき発見をした。その望遠鏡で、月は、山脈、クレーター、そして平らな平原を散りばめた不規則な表面を持っていることを観測した。また、ミルキーウェイは、肉眼では、識別できないくらい光度の低い数千の星でできていて、木星は、その周りを公転する外見上4個の星を伴っていることも、観測の結果知った。これらのすべてのことは、1610年3月に出版した『星のメッセンジャー』に詳しく述べた。彼は、後に黒点を解析し、金星は、月のように異なった相を見せることを発見した。

　ニコラ・ルイ・ド・ラカイユは、自分の名前をサインするときは、ニコラ・ド・ラカイユと書いた。彼は、1713年3月15日前後に、フランス北東部アンデンヌのルミグニーという村で生まれた。正確に生まれた日は、記録されていない。チャールズ・ルイスとバーベ・レヴュイの間に生まれた10人の子供の一人で、大人まで成長した数少ない兄弟の一人である。3人の姉妹、3人の兄弟は、幼少期に他界している。

　彼は、夜空に見える「星雲」のリストを初めて作った天文学

者として評価されている。小さい1インチ（2.54 cm）の屈折望遠鏡を使って、これらのぼんやりした雲のような、42個の星雲を発見して記録した。南半球に行ったときも、多くの星雲を発見した。そこでは、9,776個の星のカタログに必要なデータを収集した。

　ラカイユは、42個の星雲を説明するために、それらを3つのクラスに分類した。1つ目は、彗星の光輝な核に似た真に分散した光で、2つ目は肉眼でも雲のように見える星の集まり、そして3つ目は、分散した光に取り囲まれた星である。1つ目は銀河のようで、2つ目は星団、そして3つ目は惑星型星雲に当てはまると私は考えている。彼は、1610年にガリレオが行ったように、星の変化の配列で、これら3つの全てのクラスを説明することには、懸念を持っていたようだ。

　ニュートンは、天文観測はしなかったようだが、18世紀の他の天文学者が、ニュートンが発明した望遠鏡を使って、多くの観測をし、発見もした。これらの天文学者は、名前が残せるということで、光輝な彗星の発見に情熱を燃やした。そこに、有名な彗星ハンターであるシャルル・メシエが入る。メシエは、彗星のように見える星雲のような天体に悩まされた。それで、1764年に一念発起して、これら「ニセ彗星」のカタログを作り始めた。そして、彗星ハンターのライバルであったピエール・メチェインと力を合わせて、1784年までに、103個の星雲のような天体のリストを編纂した。我々は現在、この天体の分類に、ミルキーウェイ銀河内にある星団やガス雲を入れる。さらに、ミルキーウェイ銀河外にある幾つかの渦巻銀河や

楕円銀河が含まれる。多くの他の天体は、その後発見された。しかし、いわゆるメシエ天体は、中型望遠鏡を使うアマチュアとプロの天文学者の注意を引き続けている。人気のある天文学雑誌や単行本のページを満たす美しい多くの天体には、メシエ番号を示す「M」が付けられている。

　1780年代までに、巨大な反射望遠鏡が建設され、夜空の星図作りに使われた。そこで、望遠鏡建造とこの時代の観測者として、ドイツ系英国人ウィリアム・ハーシェルが挙げられる。彼は、1781年に天王星を発見したことで有名である。さらに自作の望遠鏡でミルキーウェイを探査した。まず、メシエとメチェインによって編纂された103個の星雲から始めて、ハーシェルは、その後7年間に、さらに2,000個の星雲を発見して、カタログ化した。その仕事には、彼の妹のキャロリン・ハーシェルが助手として多大の貢献をした。

　彼は、生涯において、星雲のような天体の正体を探究した。最初は、ラカイユの見地である、星団とガス状の星雲の混合という考え方を支持した。しかし、それらは遠すぎるので識別できないだけで、星雲については、ガス雲から重力によって凝縮した星の進化の過程を追っていると提案した。オリオン星雲の観測では、正確に、それは、将来の太陽のような星を形成する無秩序な物質の無形の炎のような煙霧として把握した。しかし、いわゆる惑星型星雲については、現在形成中の恒星と見たようだ。これは、実際は、太陽のような恒星が死んでいくとき、最後の息を吐くように物質を周囲に撒き散らしたものである。

ハーシェル兄妹は、また、全天の683地区の星の数を数えて、ミルキーウェイ銀河の3次元星図を作ろうとした。しかし、考え方の中に間違いがあり、結果は得られなかったが、望遠鏡観測から、進化する恒星と星雲の明瞭なシステムとして、ミルキーウェイ銀河を理解したことは、高く評価されている。

　その後、ウィリアムの一人息子であるジョン・ハーシェルが、父親の意志を継いで、1833年、南アフリカに行って南天を望遠鏡で観測した。そして、恒星でない天体の新しいカタログを作った。いわゆるNGCは、それ以来、標準表示になって、今日、8,000近くの天体が含まれている。幾つかの星雲は、メシエとNGCの両方で表示されている。例えば、オリオン星雲は、M42とNGC 1976として知られている。


## 測定天文学

　1800年代中頃、天文学者は、広範囲に亘る恒星のカタログを北半球と南半球の両方について編纂した。そして、Bonn Systematic Survey（ボン組織的探査）が北半球について、そして、アルゼンチンのコルドバにある国立天文台が南半球について行った。これらが、最も包括的な目で見える恒星の編集だった。北半球とほんの一部の南半球については、ドイツのボン天文台が1852年と1859年に探査して、10等星までの恒星を12万個カタログ化した。南半球については、58万個の恒星の場所と等級が、アルゼンチンのコルドバにある国立天文台で記録された。

　目で見る観測の頂点は、当時の最も正確な望遠鏡を使うことによって、個々の恒星について行われた。その目的は、恒星の位置の毎年の移動を探知し、計測することだった。ここでパララックス（視差）が使われた。便利な類似は、どちらかの親指を顔の前に突き出し、左右の目でそれを代わる代わる見る。すると、親指が背後のシーンと比較して、その位置をシフトさせる。親指が遠くなればなるほど、シフトは小さくなる。天文学者は、地球が公転軌道上で、太陽に対して1つのサイドから反対側のサイドに回った時、恒星の位置のシフトを見る。これが年周視差である。恒星パララックスを正確に計測するという調査は、ガリレオが、最初に望遠鏡による探査を行って以来、ずっと継続された。これはまた、大変なことだった。何故なら、目標の恒星は非常に遠方にあったからだ。

　最終的に、1838年、ドイツ人天文学者フリードリヒ・ベッセルが、極めて正確な屈折望遠鏡を使って、それを成功裏に成し遂げた。ベッセルのターゲットは、61シグニだった。これは白鳥座61番目の星である。これは当時、「フライング・スター」として知られていた。何故ならば、この星の固有運動が他の星より速かったからである。固有運動の大きい星は、近くにあると考えられていた。それは正しいことがわかり、61シグニは、上記のパララックスによって計測する最適の候補星であるとみなされた。

　一年間の綿密な観測から、ベッセルは0.31アークセコンドのパララックスシフトを計測した。1アークセコンドは、1°の3600分の1である。その結果、61シグニまでの距離は、約10

光年と計算された。現在の計測では11.4光年である。ちょうど1つの星の位置を綿密に計測することによって、ベッセルは最終的に、夜空の信じられないほどの巨大さを確認した。それで、1841年、ベッセルは、イギリス王立天文学協会からゴールドメダルを授与された。

## 分光器

　化学が発展し、多くの新しい元素と化合物が発見された。さらに、ブンセン灯と分光器の発明から、科学者は化学的標本に気づき、実際に、それらが何でできているかを知るようになった。プリズムベースの分光器で、炎からの光を観察することによって、化学者は、ソディウム、マグネシウム、酸素、そして種々の他の基本的物質によって放射された、識別できる色のパターンを記録した。太陽の白熱光の分光器調査から、同様のパターンが明らかになった。しかし、放射の中の異なった色を示す代わりに、太陽スペクトルは、太陽によって放射された大雑把な虹の中に暗いギャップを示した。偉大な光学機械商ジョセフ・フォン・フラウンホッファーによって最初に記録された、いわゆるこれら吸収線は、今日、太陽の猛火のような大気内に、水素、酸素、ソディウム、そして鉄が存在することを示していると解釈されている。

　1860年代までに、化学者は分光器を星に向けた。ウィリアム・ハギンズとウィリアム・アレン・ミラー英国科学者チームは、新しい観測的科学を先導し、リゲル、ベテルギュース、そ

してベガのような光輝な恒星のスペクトルを観測した。そして、それらのそれぞれのスペクトルパターンが劇的に異なることを発見した。彼らはまた、オリオン星雲を観測し、そのスペクトル線は、吸収よりむしろ輝いていることを発見した。最終的に、光輝な星雲の性質についての論戦に終止符を打った。オリオン星雲のような天体は、分離できない星団というよりむしろ、真に光輝なガスの雲であることがわかった。原則的に、他の星雲は、同様の分光器的解析によって、内部の構成物質を明らかにする。このような先駆的努力によって、観測的天体物理の近代的科学が誕生した。

## 写真

　写真術の化学的テクノロジーの発展があり、富裕な化学者で植物学者でもあったジョン・ウィリアム・ドレイパーが、太陽と月の銀板写真を開発した。1880年までに、ジョンの息子ヘンリーが、オリオン星雲や他の天体現象の写真を撮った。彼はまた、光輝な恒星の写真撮影用スペクトルを採ることに成功し、特徴的な吸収ラインを明らかにした。

　1882年のヘンリー・ドレイパーの若死にの後、彼の妻アンが、ハーバードカレッジ天文台長ウィリアム・ピッカリングに説得されて、天文学研究に対する記念基金を始めた。この基金が、夜空の多大の写真による探査を支持した。それによって、観測視野内の各星からの光は、写真乾板上の対物レンズによって集中される前に、プリズムによって分散した。これらの写真

乾板上に記録された225,000の星のスペクトルは、我々が現在星について知ることへの革命的な基礎を創った。生きた遺産として、9等星より光輝な大部分の恒星は、HD番号によって知られている。HDはヘンリー・ドレイパーの意味で、冊数の多いヘンリー・ドレイパーカタログの中に、それらの恒星の番号とスペクトルタイプがリストアップされている。

## コンピュータ達

ピッカリングの野心的なプロジェクトの多くは、「コンピュータ」と当時呼ばれた才女達によって遂行された。実際、彼女達はあまりにも多くの仕事をしたので、彼女達に値する称号を与えることができないくらいであった。今日、我々は、アニー・ジャンプ・キャノン、ウィリアミナ・フレミング、そしてアントニア・モーリを最初の恒星診断医と認めている。それらの吸収ラインのパターンによって多くのスペクトルを分類し、そして恒星の色を基にして、これらのカテゴリーを並べ直すことによって、これらの才女達は、もう一人の才女がその全てが意味を持つようにする道を拓いた。

セシリア・ペイン・ガポシュキンは、1925年の博士論文で、原子とそれらを数値化した最新理論を使って、恒星にチャレンジした。期待に反して、彼女はスペクトルタイプの違いを見つけて、恒星の化学的構成物質よりもむしろ、恒星の表面温度に注目した。恒星は、圧倒的に水素と幾らかのヘリウム、そしてスペクトルに見られるほんの僅かの他の元素でできている。恒

24

星の大気中のどの元素が、下からの光を最もよく吸収するかを決定するのは、恒星の表面温度である。シリウスのような高温の青白い恒星に対しては、水素が主な吸収元素である。この原子の最も単純なものは、高温恒星スペクトルの赤、青っぽい緑、そして紫の部分に、ユニークなギャップのパターンを見せる。太陽のようなシリウスほど高温でない黄色の恒星は、鉄やマグネシウムのようなメタルの吸収線が豊富にあるスペクトルを見せる。ベテルギュースのような低温の赤い恒星は、酸化チタンのような分子の吸収帯を持つ。

# HR図

　一番光輝な恒星の、最初の分光器による研究の後40年たらずで、天文学者は、温度、光度、そして化学的構成物質のような物理学的な量の見地から、恒星の群れを理解できた。この恒星解読のロゼッタ石は、ヘルツシュプルング・ラッセル図（HR図）として知られるようになった。恒星の温度を全般的な光度（その絶対光度に対するスペクトルタイプ）に関係させることによって、デンマークのアイナー・ヘルツシュプルングとアメリカのヘンリー・ノリス・ラッセルが、独立して恒星の中の識別できる種族を発見した。

　大部分の恒星は、いわゆる主系列に入る。ここには、太陽、ベガ、シリウス、そしてリゲルが入る。他の恒星は、赤色巨星グループとして知られる、明らかにさらに光輝な層を占める。ここには、カペラ、アークトゥルス、そしてアルデバランが入

る。もっと他の恒星は、太陽光度の10倍から100,000倍を超える光度で火を吹くように見える。恒星のこの超巨星グループには、デネブ、ベテルギュース、そしてアンタレスのようなパワーハウスが入る。その図から、天文学者は、恒星の中の基本的な相違を見ることができる。その相違は、恒星の質量と年齢の点から説明できるものである。

　恒星までの距離を計測するために、年周視差と固有運動を使った。そして、彼らは、恒星の基本的な性質のロゼッタストーンであるHR図を編纂した。これは、$x$軸上に表面温度をとり、$y$軸上に絶対光度をとった図である。その結果、恒星の性質は分離した種族に分かれる。最も顕著な種族が主系列星で、右下端の光度の低い赤色矮星から左上端の光輝な青色星まで対角線上に表示されている。一定半径の理論的ラインが、主系列星はサイズで多少変化するが、光度の幅を説明するには不十分であることを示している。これらの理論は、黒体のような星の熱放射を基礎にしている。

　特定の波長の可視光線を吸収し、残りを反射する物質は、その波長に応じて色をもつ。一方、すべての可視光線を反射する物質は白であり、逆にすべての可視光を吸収する物質は黒になる。だから、可視光線に限らず、あらゆる波長の電磁波を吸収する物質を完全放射体（黒体）と呼ぶ。そして、黒体は外部から入射する電磁波を、あらゆる波長に亘って完全に吸収し、また熱放射できる想像上の物体である。

　恒星が、理想的な黒体のように放射していると仮定すると、それらの遥かに高い光度は、遥かに大きなサイズが原因であ

る。主系列星は、光度において太陽光度の1,000分の1から100,000倍の範囲である。主系列星の半径は、太陽半径の10分の1から10倍という小さい範囲にあるので、光度における大きな変化は、大部分が表面温度の変化による。巨星、超巨星は、主系列星とは異なっている。何故ならば、それらは途轍もないサイズからくる表面温度からの高い光度を持っているからである。白色矮星は、高温であるが光度は低い。従って、主系列星より遥かに小さい。

　なお、HR 図を使うと、次のようなことがわかる。観測した恒星情報を HR 図に適応すると、主系列星か巨星かの種類を判定できる。恒星の種類がわかると、絶対等級を予測できるので、見かけの等級との差異から恒星までの距離を計算できる。さらに、恒星の進化についても知ることもできる。


## 星雲の謎

　星雲を理解する点での進展は、もっと遅かった。分散と光度の低さから、いわゆる光輝な星雲は、肉眼と写真乾板の両方を悩ませた。それらの光のスペクトルへの分散は、それらの形跡と、意味のある画像を得るためにうまく処理する天文学者の技術を弱めた。「渦巻星雲」には特に悩まされた。それらは、ミルキーウェイ銀河の近隣からは、遠く離れた恒星からなる島宇宙なのか、あるいは、ミルキーウェイ銀河内にあるガスの渦巻きなのか。この謎は、1700年代終盤、ウィリアム・ハーシェルとエマニュエル・カントによって提案され、その後、約200

年後まで謎として残った。また、暗黒星雲もそれ自体の謎を生んだ。古代から記録されたように、これらのインクのような汚斑やミルキーウェイに沿った巻きひげは、本当に理解に苦しむものになった。恒星の沼地にある何もない窓なのか、あるいは、それらを超えたところからの、星の光をシルエットする、覆い隠す物質のはっきりした雲であるのか。

## エドワード・エマーソン・バーナード

　上記の問題に対して、エドワード・エマーソン・バーナードの繊細な写真が大きくクローズアップされた。テネシー州ナッシュビルの貧しい家に生まれたバーナードは、最初カメラマンとして働いた。天文学への情熱から、低所得にもかかわらず、直径５インチ（12.7 cm）の望遠鏡を購入した。その望遠鏡で、数個の彗星を発見した。これらの発見による報酬から、ヴァンダービルト大学で教育を受け、1887年初頭、カリフォルニアのリック天文台に赴任した。

　リック天文台では36インチ（91.44 cm）望遠鏡を使い、後のヤーキス天文台では46インチ（116.84 cm）望遠鏡を使って、バーナードは、記録的な数の彗星を発見した。さらに、木星の５番目の衛星、そして現在バーナード星として知られている固有運動の大きい恒星、さらに NGC 6822 としてカタログには記載されている星の分散した集まりを発見した。NGC 6822 は現在バーナード銀河と呼ばれている。これらの多くの業績にもかかわらず、銀河研究天文学者の中で彼の偉大な名声を獲得した

のは、広角イメージングの仕事である。若い時の経験からカメラを改良して、ミルキーウェイ銀河と夜空の他の部分の、今までになかった解像度の高い写真を撮った。これらの写真の大部分は、南カリフォルニアにあるウィルソン山の晴れた暗い夜空で、1905 年に撮った。バーナードは、写真にする前に大変な努力をした。その努力は最終的に、1927 年 *An Atlas of Selected Regions in the Milky Way*『ミルキーウェイの選ばれた地域の星図』として出版された。

　これらの写真の中に、我々は容易に、バーナードの長い天文学者人生において、彼をうっとりさせ疑問をもたせた、多くの暗黒星雲を見ることができる。彼は当初、これらの暗い形状を星の天空内の穴や細道と見たが、最終的に、それらは、未知の構造物の塊であると結論づけた。

　バーナードの時代の大部分の天文学者は、ミルキーウェイ内の黒い部分は、彼の結論であることに同意した。それよりも、宇宙空間の残りの部分も、このような物を隠す物質で覆われているのかどうかが問題点だった。バーナードの暗黒星雲は、ミルキーウェイのユニークな構成物質なのか、あるいは、我々が見る全てのものに影響を与える障害物の連続体なのか。この厄介な問題は、ミルキーウェイの真の構造を理解するための、あらゆる努力の妨げになった。

　なお、バーナード暗黒星雲については、第 2 部「ミルキーウェイ銀河内部」第 4 章「暗黒星雲」「バーナード暗黒星雲」で詳しく述べている。

# カ プテインの宇宙

　オランダ人天文学者ヤコブス・カプテインは、別の場所で得られた豊富な写真乾板の結果を注意深く計測し解析するために、自宅に望遠鏡のない天文学実験室を建造した。時間経過とともに変わる多くの恒星の位置の注意深い解析から、カプテインは、恒星の年周視差と固有運動の統計的関係を確立した。これは、彼が恒星のグループまでの距離に対して、代用として平均固有運動を使ったことを意味する。さらに彼は、幾つかの恒星グループは、特別な方法で動いている、あるいは流れていることを発見した。ミルキーウェイ銀河も動いている。ミルキーウェイ銀河内で、幾つかの恒星グループは、他の彷徨う恒星グループの中を綺麗に通過する。

　このような発見から、彼は、現在ガイア探査機が行っている、ミルキーウェイ銀河の3D星図を作成しようとしたようだ。そこで、写真による光度測定と分光器によるデータを結合して、恒星の位置、固有運動の速度、光度、スペクトルタイプ、そして恒星までの距離の完全なデータ一式を集めた。これは、1世紀前にハーシェルが試みて以来、成し遂げられていないことで、ミルキーウェイ銀河の見地における大進歩であった。

　しかし、多くの問題が生じた。まずは、長年の懸案であった恒星までの距離の測定だった。カプテインは、新しい天体物理学を恒星の分光器による測定に適応して、その恒星のスペクトルタイプを決定した。このスペクトルタイプ決定法は、その恒

星の絶対光度を推定する仕事には十分だった。その恒星の絶対光度と見かけの光度の比較から、その恒星までの距離を求めることができた。幾つかの恒星に対してはエラーが出たけれど、この距離決定の全体的な効果は、恒星の真の空間的分布において、信頼できる統計値を出した。しかし、それは恒星間の不明瞭な物質の存在を無視したときだった。

　カプテインも、可能性のある複雑な物質による恒星間の吸収に気づいていた。恒星の光度の低い見かけの等級と絶対等級を比較すると、間違った非常に大きな距離になってしまった。カプテインは、恒星間の吸収物の広がりと量には困ったけれど、バーナードが記録したような不透明な雲から遠く離れた地域では、無視できると考えた。それで、カプテインの宇宙を考えた。そのカプテインの宇宙はディスクのようで、太陽がその中心にあった。しかし、多くの恒星までの距離は、間違っていて過大なものになり、太陽から離れたところの密度は、急激に低下していた。

## ヘンリエッタ・スワン・リーヴィット

　ヘンリエッタ・スワン・リーヴィットは、ハーバードカレッジ天文台のウィリアム・ピッカリングの有能な助手の一人だった。後にラドクリフとして知られるようになった、女性のカレッジで教育を受けたリーヴィットは、無給の研究助手として、その天文台で研究を始めた。彼女はすぐに、いくつかのキーになるプロジェクトを与えられた。そして、彼女の変光星

についての仕事は、20世紀天文学の偉大な業績の1つと見做された。1904年から1908年までの間に撮られた大小マゼラン雲の写真乾板を注意深く分析して、彼女は1,700個以上の変光星を確認した。これらの中で最も光輝なものは、セフィード変光星として知られている。その名前は、模範となる黄色の超巨星デルタ・セフィーからきている。

　リーヴィットは、大小マゼラン雲内の全てのセフィード変光星は、基本的に同じ距離にあると理解していた。だから、それらの中の平均光度のどのような違いも、絶対光度内の実際の相違が原因である。光度変化の期間に対して各恒星の平均光度を調べることによって、リーヴィットは根本的な関係に行き着いた。さらに光輝なセフィード変光星は、光度の低いセフィード変光星よりゆっくり光度変化を行うことを発見した。この関係を現在「リーヴィットの法則」と呼んでいる。従って、セフィード変光星の絶対光度を推定するために、遠方にあるセフィード変光星の光度変化の期間を追跡するだけでよいことがわかった。セフィード変光星で、リーヴィットはパワフルな標準燭光を発見したことになる。その標準燭光は、パララックスによる距離測定で算出できる距離の100万倍遠い距離、そして、カプテインによって測定された分光器による距離測定の1,000倍の距離を測ることに使うことができた。


## ハーロー・シャプレー

　ハーロー・シャプレーは、ミズーリ出身でジャーナリスト

だった。彼が天文学を志したのは、思いがけないことが原因になった。1907年、ミズーリ大学に入学した。そのとき、ジャーナリズムの道を追求することを考えていた。しかし、その時代、その大学にはジャーナリズムのコースは無かった。それで、コースカタログで自分の専攻するコースを探した。「A」のところを見ると、「Archaeology（考古学）」の後、その下に「Astronomy（天文学）」があった。彼は、Archaeology を発音できなかった。それで、もっと発音しやすい分野を選びたいと考えて、天文学になった。ミズーリ大学からプリンストン大学に移り、ヘンリー・ノリス・ラッセルのところで天文学を続けた。そこで彼は、数千個の変光星を観測し、博士論文に対して90個の食二重星の軌道を計算した。食二重星の軌道計算は、恒星のサイズと質量について、当時はほとんど知られていなかったことを学ぶには、重要なことであった。非常に近いところで公転し合う間に起こる食を綿密に観測することによって、彼は、赤色巨星は巨大なガス袋（これは彼自身の表現）で、太陽の数百倍の大きさであることを発見した。

　食を起こす二重星の仕事が、シャプレーをセフィード変光星の研究に導いた。何故ならば、彼は、セフィード変光星は食を起こす二重星のタイプであると考えたからである。しかし、セフィード変光星の光度変化のユニークなパターンは、二重星モデルでは解読が難しかった。それで、彼とラッセルは、セフィード変光星を二重星系よりも脈動する変光星と考え始めた。1912年までに、リーヴィットは、セフィード変光星の光度変化周期と光度の関係を解読した。再び、食を起こす二重星

33

のモデルは、この関係を予期できなかった。ただし、脈動変光星を基礎にしたモデルは、より良く適合できたようだ。このモデルで、そのサイズが周期的に膨れたり縮んだりするので、セフィード変光星の光度は、規則正しく変化した。このモデルの成功が、シャプレーと彼の研究者グループを勇気づけて、球状星団までの距離を測定するとき、標準燭光としてセフィード変光星を使った。

シャプレーの球状星団の追跡は、昔ながらの一様の原則を追っていた。彼の観測とその後の計測時、球状星団、ミルキーウェイ銀河ディスク、そして大小マゼラン雲内のセフィード変光星は、全て同じ振る舞いをするということをシャプレーは最初に仮定し、そして確認するために観測した。そうすることによって、彼は約69個の球状星団までの距離を決定した。これらの球状星団は、射手座の方向に密集しているように見える。彼の距離測定から、シャプレーは、球状星団の空間的分布は、実際、太陽から約6万光年離れた射手座の方向の一点を中心としていることを示した。この分布から、彼は、ミルキーウェイ銀河は、もはや太陽を中心としない、30万光年の広がりを持つ巨大な超越銀河であると論じた。超越銀河系の中心から太陽を外したシャプレーの転置は、革命であった。それは、コペルニクスが約400年前に提案した、地球中心宇宙論から太陽中心宇宙論への大シフトを回想させる。

# 世紀の大論争

　ミルキーウェイ銀河の恒星で測定された構造に関する論争
は、シャプレーとヒーバー・カーティスの間の公表された論戦
で頂点に達した。ヒーバー・カーティスは、リック天文台の天
文学者で、長い間の懸案であった、渦巻星雲を徹底的に研究し
ていた。これは、米国科学アカデミーが主催した、いわゆる、
「世紀の大論争」で、ワシントン D. C. で1920年に開催された。
　シャプレーは、次のように主張した。ミルキーウェイ銀河
は、もはや太陽を中心としない30万光年の広がりを持つ巨大
な超越銀河である。このモデルは、ミルキーウェイ銀河の全体
的な形状の優勢な追跡子として、球状星団の分布を考えてい
る。さらに、渦巻星雲は、広大な超越銀河組織の近隣のパーツ
であると考えられる。アンドロメダ星雲と他の星雲が、ミル
キーウェイ銀河と切り離された遠方の島宇宙ならば、その中で
時々観測できる光輝な新星爆発は、不可能な光輝さである。だ
から、これらの星雲は、その超越銀河の一部である可能性が高
い。さらに、過去数年間に撮られた渦巻星雲の写真乾板を注意
深く精査したヴァン・マーナンは、特別な小さい特徴の位置
が、規則的にシフトしていることを発見した。そのシフトの量
は、年にアークセコンドの数百分の 1 の 2 倍から 3 倍である。
これらは、比較的近隣にある渦巻星雲の回転パターンからきて
いる。もし、それらの渦巻星雲が、100万光年を超える距離に
ある、ミルキーウェイ銀河から切り離された島宇宙であるなら
ば、このわずかの角変位は、光速を超える不可能な回転速度を

示すだろう。だから、渦巻星雲と他の全ての天体は、超越銀河の比較的近隣の天体であるはずだ。

　一方、カーティスは、渦巻星雲に焦点を絞って、次のように主張した。渦巻星雲内で時々起こる新星爆発の輝きは、ミルキーウェイ銀河内でもっとよく起こる新星爆発より、本質的に遥かに光輝である。超光輝であるので、このような例外的な新星爆発は、我々から膨大な距離にある渦巻星雲内でも観測される。ミルキーウェイ銀河、球状星団、そして大小マゼラン雲の中の恒星の標準燭光として使ったシャプレーによる比較は疑わしい。恒星は実際、絶対光度で大きく異なるので、ミルキーウェイ銀河をさらに小さくするのも、そして同じサイズだがさらに遠方にある渦巻星雲をより小さく見せるのも、距離であると推測している。ヴァン・マーナンに観測された回転による動きは納得できない。他の科学者から矛盾する結果を聞いている。はっきりしないミルキーウェイ銀河を完全に無視する渦巻星雲の分布と、典型的な恒星の吸収線を示すこれらの天体のスペクトルは間違いない。カーティスには、これらの性質は、ミルキーウェイ銀河から遠く離れた独立した恒星システムを表示した。

　今から考えてみると、二人の主張の中に、真実とエラーが見られる。シャプレーは、ミルキーウェイ銀河の全体的な形状を追跡する球状星団、そして、これらの星団までの距離を測定するために、セフィード変光星を使ったことについては正しい。しかし、彼の標準燭光は、彼が考えたほど標準に近くない。球状星団内のセフィード変光星は、ミルキーウェイ銀河のディス

クや大小マゼラン雲内のものより、10倍以上光度が低いことがわかった。この矛盾から、球状星団は、もっと近くにあることになるので、彼の超越銀河は3倍小さくなる。ヴァン・マーナンの回転運動は、非常に難しい計測の見せかけの結果であることがわかった。我々は今日、渦巻星雲は遥か遠方にあるので、回転運動は識別できないと考えられている。そして、渦巻星雲内の光輝な新星爆発は、実際、ミルキーウェイ銀河内で観測される新星爆発より数千倍光輝である。これらの超新星爆発は、ミルキーウェイ銀河よりも数百万光年以上遠方にある恒星システムから噴出している。

## エドウィン・ハッブル

　世紀の大論争の結論に対する争う余地のない証拠が、1924年にエドウィン・ハッブルによって発見された。シカゴ大学とオックスフォード大学の院生であったハッブルは、物理学には強かったが、どこか野心的で気取った個性の持ち主だった。彼は、父親の意志で法学を学んだけれど、一番熱心に学んだのは天文学だった。父親の死後、ハッブルはシカゴ大学で、永続的に情熱を燃やせるものに出会った。そこで彼は、エドワード・エマーソン・バーナードの指導の下に、光度の低い星雲の写真を撮り始めた。バーナードは、そのときアメリカの最も有名な天文学者の一人だった。ハッブルが撮った写真によって、彼は、形状から種々の銀河を分類した。このような先駆的努力により、我々は今日、楕円銀河、渦巻銀河、そして不規則銀河と

いう言葉を使っている。後に、ウィルソン山で、彼はこれらの星雲のスペクトルを採って、それらの大部分はミルキーウェイ銀河から、遠ざかるように動いていることを示した。カーティスや他の天文学者のように、ハッブルは、これらの動きをいつも数百万光年と計測される距離にある恒星の系からくることを発見した。

ハッブルの分光器を使った研究から、ミルキーウェイ銀河内の真の星雲状天体と、遥か彼方にあると推測できる恒星の集まりの間の違いを識別した。ガス状星雲に対する彼の見地は、そのような星雲は絶対光度を持たないが、高温の恒星からの光によって放射しているか、あるいは低温の恒星からの光を反射するかのいずれかで光って見えるというものだった。恒星スペクトルを持った星雲に対して、ハッブルが、アンドロメダ星雲内の変光星を解読したとき、大きな進展をみせた。最初、彼は、それらはこの星雲内で発見した最近の数個の新星爆発であると考えた。しかし、同じ地域を撮った写真乾板を入念に調べた結果、その光源は暗くなったり、明るくなったりを繰り返すことがわかった。これは、どのような新星爆発とも矛盾する。さらに数夜の観測結果を解析することによって、彼は次のことを発見した。その光源はセフィード変光星で、その見かけの光度から、アンドロメダ星雲は、825,000 光年の彼方にあることがわかった。すぐにハッブルは、その結果をハーバードカレッジ天文台のハーロー・シャプレーに知らせた。そのときシャプレーは、この知らせが私の宇宙を破壊したと言った。

ハッブルは、アンドロメダ星雲内と他の大きな星雲内のセ

フィード変光星を探し続けた。彼は、M33の中に33個のセフィード変光星を、そしてNGC 6822内に11個のセフィード変光星を発見した。そして、NGC 6822はバーナードによって、分散した恒星の集まりと初めて記録された。これらの恒星の集まりに対応する距離とサイズから、ミルキーウェイ銀河は、1つの島宇宙であることがわかり、後に、シャプレーがそれらを「銀河」と呼んだ。今日、ミルキーウェイ銀河は、途方もない数の銀河を保有した、強大な宇宙の代表的メンバーであると見做されている。


## ミ ルキーウェイ銀河の把握

　ミルキーウェイ銀河自体の中の散開星団の研究は、リック天文台のロバート・トランプラーによるもので、最終的に、彼は星間空間内の塵の遍在を確認した。その塵の存在が、これらの星団からの光を弱めるので、それらは個々の角径距離を基礎にして計算した距離よりも、さらに遠くにあるように見える。トランプラーは、星間空間を通して1パーセク（3.26光年）当たり、平均で約0.7等級落ちると推定した。

　1930年代までに、ミルキーウェイ銀河の基本的な恒星の内訳は、非常によく確証された。カナダ人天文学者ジョン・プラスケットが、1936年に公表した図解内に新しい総意を要約した。このエッジオンの眺望で、我々は塵の多い恒星のディスクの真ん中に太陽を確認することができ、そのディスクの密度の高い中心は、33,000光年の彼方にあることが確認できる。その

ディスクと中央のバルジは、多数の球状星団で取り巻かれていて、その球状星団が、ひとまとめにしていわゆるハローを形作っている。今日、天文学者は、この構図の絶対的な寸法について論争している。例えば、太陽とミルキーウェイ銀河中心との間の距離は、現在27,700光年と計算されている。しかし、大部分の天文学者は、プラスケットの構図で満足しているようだ。

1940年代から、ミルキーウェイ銀河に対する我々の理解において、劇的な進歩があった。分子ガスの巨大な雲から、銀河中心の奇妙な振る舞いまで、大部分のこれら新しい見地は、可視光波長以外の観測の恩恵を受けた。これら多波長観測が明らかにした、驚くべき展望と不思議な実体を第2章と第3章で考えたい。

# 第 2 章　天体からの光

　ここで少し、光についての基本的事項を確認しよう。物質は何で構成されているか、星はどのくらい高温か、そして宇宙はどのくらい速く膨張しているか。これらを科学者は、光を分析することから学んだ。

　大部分の人が天文学という言葉を聞くと、天体写真を頭に浮かべるだろう。それは、皆既日食、ハレー彗星、あるいは月面の写真かもしれない。天文雑誌購読者やインターネットにアクセスしている人は、遥か彼方のハッブル宇宙望遠鏡、あるいはジェームス・ウェッブ宇宙望遠鏡による写真を連想するのではないだろうか。

　しかし、これらの宇宙望遠鏡の写真による研究ではなく、科学者は、分光器を使って光を分析し、どのように物質が光を吸収したり、放射したりするかを明らかにする。

　英国人科学者アイザック・ニュートンは、1666年、プリズムを使って、太陽光をその構成する色に分裂させた。これを行ったのは、彼が最初ではなかったが、彼は太陽光を分析し、太陽からの白色光は違った色からなり、それらは、特別な波長をもっていることを確認した。波長とは、波の直前のサイクルの同じ点との間の距離をいう。このことは、現在、我々が知っていることである。そして、ニュートンは、スペクトルという言葉を作り、固有の虹のようなパターンを描写した。

## 変化に富んだ発見

　19世紀まで、誰もニュートンの発見したことについて多く
を知らなかった。1802年、英国人化学者ウィリアム・ハイ
ド・ウラストンが、太陽光のスペクトルには、2、3の暗線が
あると記録した。その後、ドイツ人物理学者ジョセフ・フォ
ン・フラウンホッファーが、1814年、太陽光を広げることに
よって、多くのすばらしい線を発見した。科学者は、現在、こ
のような特徴をフラウンホッファー線と呼び、彼がその研究を
行うとき使った道具を分光器と呼んでいる。

　天文学にとって最も重要なことは、フラウンホッファーが、
彼の分光器を望遠鏡に付けて使ったことであった。彼は、恒星
や惑星の光を研究し、その光を彼が研究できるスペクトルに分
解させた。これを行うことによって、彼は、天体物理学の分野
を切り拓いた。

　フラウンホッファーが、すべて初めてであったにもかかわら
ず、彼が見たスペクトルの中の暗線が、何であるかを全く理解
できなかった。1835年、英国人科学者チャールズ・ホイート
ストンが、スペクトル分析と呼ばれるプロセスを始めた。彼
は、スペクトルの中の明るい線によって、12の元素を特定し
た。

　しかし、1859年、2人のドイツ人化学者グスタフ・キルヒ
ホフとロベルト・ブンセンが、スペクトル分析を洗練し、体系
化するという方向へもっていった。彼らは、独自に開発した分
光器を使って、ソディウム、リチウム、そしてポタジウムの独

特のスペクトルを分類した。また、彼らの分光器は、彼らが特定できなかったラインも見せた。それらは、2つの新しい元素セシウムとルビジウムであった。

19世紀中頃までに、科学者は、スペクトルの3つのタイプを観察した。輝線、重ね合わさった暗線、それに連続線が、その3つのタイプである。キルヒホフは、それぞれのタイプのスペクトルが、どのようにつくられるかを説明した。この彼の概念を我々は、キルヒホフの分光学における3つの法則と呼んでいる。それは、次の3つである。

(1) 高温の固体、液体、あるいは高密度のガスは、連続スペクトルをつくる。

(2) 高温で低密度のガスは、輝線のあるスペクトルをつくる。

(3) 高温の物体の前の低密度ガスは、暗線を示すスペクトルをつくる。

最初の2つは重要であるけれど、宇宙が何からできているかを如何にして明らかにするかを科学者に示したのは、3つ目の法則である。

次のステップに入ったのは1873年であった。スコットランド人物理学者ジェームス・クラーク・マクスウェルが、電気と磁気の理論を公表した。彼の4つの方程式は、電気と磁気は、同じ力の2つの見方であることを示した。その方程式は、電磁気放射は、どのような波長をもっているかを予測した。マクス

ウェルの業績が、可視光波長を超えた研究まで広げ、電磁気スペクトルという言葉を生み出した。

## 暗線の秘密

1848年、フランス人物理学者レオン・フーコーが、ソディウムを燃焼させて得られた炎が、その背後にあった電弧によって、放射された黄色い光を吸収することを観測した。この観察と、他の科学者のそのような実験結果から、キルヒホフは、太陽光スペクトルに現れる暗線は、高温の核を取り巻く低温のガスが、特別な放射を吸収したときに出ることを説明した。

1868年、スウェーデン人物理学者アンダース・ヨナス・オングストロームが、分光器と新しい写真技術を組み合わせて、分光写真機を作った。彼が得た結果には、1,000本以上の暗線が含まれていた。それらをつくった光の波長を測定するために、$1\,m \times 10^{-10}$ という単位を開発し、現在、それをオングストロームと呼んでいる。その略記号にスウェーデン語の文字 Å を使っている。1960年の International System of Units（国際単位系）設立以来、ほとんどの科学者は、ナノメーターを使って波長を測定している。なお、1ナノメーターは、$1\,m \times 10^{-9}$ である。

20世紀に入り、科学者は、大量のスペクトルデータを手に入れたが、依然として、誰も暗線等がどのようにして出るのかを説明する理論をつくれなかった。それが変わったのが1913年であった。デンマークの物理学者ニールス・ボーアが、原子

の構造理論を発表した。ボーアの理論は、原子核の周りに離散的なエネルギーをもった電子を置いた。これらの電子は、光を含む放射を吸収できる。しかし、そうすることによって、電子は高エネルギー状態へ移行しなければならない。同様に、電子が、低いエネルギー状態へ移行したとき、放射するということである。

　これが、太陽光スペクトルの中の暗線をつくる吸収と放射のプロセスである。太陽の核は、連続スペクトルを放射している。それは、すべての可視光カラー、あるいは波長を含んでいる。しかし、太陽の大気中のガスの原子は、核が生成する光を吸収する。ある原子がただ1種の光を吸収する。それらの電子は、1つ、2つ、あるいはそれ以上のエネルギーレベルへ移行する。なお、これらは、如何に多くの放射を吸収するかに依存している。

　しかし、電子は、その本来のエネルギーレベルを保つ傾向がある。それで、瞬時に、それらが普通のエネルギーレベルへ戻ったとき、それらは、でたらめな方向へ光を放射する。最初から我々に向かって来る特別な波長の光の大部分が、でたらめな方向へ行くので、その波長を表示する太陽光スペクトル上の点は、強さにおいて落ち込みを示す。これが暗線である。


## 星の光を分裂させる

　天文学者は、フラウンホッファーが作った分光器を使って、天体の研究を行った。1863年、イタリア人天文学者アンジェ

ロ・セッキが、約4,000の星のスペクトルを収集した。それらを使って、セッキは、スペクトルにおける吸収線とその数を基礎にして、星をカタログ化した。

　1880年代に入って、アメリカ人天文学者エドワード C. ピカリングが、天文学的データ処理のため、ウィリアミナ・フレミングに率いられた婦人チームを雇った。彼女らは、ハーバードカレッジ天文台で、さらに多くの星を探査した。そして、ピッカリングは、1890年、その結果を *Draper Catalogue of Stellar Spectra*『星のスペクトルによるカタログ』として出版した。

　この星の分類計画は、後に、星の大文字表示を導いた。我々が、現在、使っている文字で、高温の星から低温の星へ、O, B, A, F, G, K, M となっている。1から9までの付随的数字が、そのクラスの細かい分類を示す。例えば、特別なクラス A5 の星は、A から F の中間を意味し、このシステムによると、太陽は G2 の星である。

　スペクトルによる最後の改善は、1943年、ウィスコンシン州ヤーキス天文台のウィリアム W. モーガン、フィリップ C. キーナン、それにエディス・ケルマンによって始められた。彼らは、5つの主な光度クラスを導入した。超巨星(I)、輝巨星(II)、巨星(III)、準巨星(IV)、そして主系列星(V)となる。

　彼らは、このような細かい分類を追加した。何故なら、たとえ、同じ元素が原因であっても、巨星のスペクトルの線は、主系列星の星より異なった幅と強さをもつからである。天文学者は、これを MKK システムと呼んでいる。これには、最初に提案した3人の名誉を称えている。この分類によると太陽は

G2V となる。

## 目に見えるスペクトル

　天文学者は、天体のスペクトルを分析することによって、多くのことを学ぶことができた。多分、彼らが収拾する一番容易な事実は、構成物質と温度である。天体の吸収線の位置と実験室でサンプルを熱してできるスペクトルとを比較して、科学者は、その天体には、どのような元素が存在し、どのくらいの温度であるかを直ちに知ることができた。

　分裂する、あるいは広い幅を持った線は、強い磁場の存在を提示する。高温と低温の両方の星の特徴的な線を示す奇妙なスペクトルは、普通、二重星で、あまりに接近しているので、光学望遠鏡では分かれているのが見えないものである。観測者は、このようなペアをスペクトル二重星と呼ぶ。

　スペクトルは、天体が我々に向かって、あるいは遠ざかるように動いているか、そしてどのくらいの速度で動いているかを示す。実験室のスペクトルと比較して、普通ではあるが、偏移している吸収線を示す星のスペクトルを考えてほしい。その線が、スペクトルの青色の終わりの方へ偏移（青方偏移）しているならば、天体は我々に向かって移動している。その偏移が、赤色の方へ偏移（赤方偏移）しているならば、我々から遠ざかる方向へ移動している。ほとんどは、赤方偏移である。そして、偏移のパーセンテージは、光速の言葉を使って星の速度を表示する。

赤方偏移は、天文学者が、1つの特別な困惑を招いたミステリー、クエーサーとは何かという疑問を解決する手助けとなった。これら遥か彼方にある天体は、活動銀河の1つのタイプである。1950年代後半、科学者が、「準星電波源」又は「クエーサー」と称した天体のスペクトルを集めた。これらのスペクトルは、今まで見たことのない吸収と放射の線を含んでいた。

　1962年、オランダ人天文学者マーテン・シュミットが、カリフォルニア州パロマー山頂の200インチ（254 cm）ヘイル望遠鏡を使って、クエーサー3C 273のスペクトルを採った。それは、知られていない線を含んでいたが、やがて、彼は、16%近く赤方偏移した普通の水素の線であることに気づいた。クエーサーは、高速で我々から遠ざかる方向へ飛んで行っていた。


## 目に見えないスペクトル

　スペクトル分析が研究対象となるずっと以前、2人の科学者が、可視光線の範囲の外にあるスペクトルの一部を発見した。1800年2月11日、ドイツ生まれの英国人天文学者ウィリアム・ハーシェルが、フィルターをテストして太陽黒点を観測できた。赤いフィルターが、そのほとんどの熱を通過させたことを確認して、ハーシェルは、プリズムを使ってスペクトルを採り、温度計を赤い部分を過ぎたところへ置いた。すると温度計が、温度が上昇したことを示した。この実験から、彼は、スペクトル自体の温度を超えたのは、放射の見えない形が原因で

あると理由付けた。彼は、この現象を「カロリフィック・レイ」と称した。これは、ラテン語で「熱」を意味する。現在は、「赤外線放射」と呼ばれている。

1878年、アメリカ人天文学者サミュエル・ピアーポント・ラングレイが、ボロメーターを発明した。この機器は、望遠鏡の赤外線観測を可能にする。しかし残念ながら、地球の大気中にある水滴が赤外線を吸収してしまう。それで、ボロメーターには使用制限があることがわかった。そこで、科学者が、高度の高いところまで昇るバルーンやロケットを使って、赤外線放射のより良いデータを集めるようになったのは、1960年代半ばであった。

そこで、1983年1月25日、NASAが、オランダおよび英国の宇宙局の協力のもとで、赤外線天文衛星を打ち上げた。この衛星が、4つの異なった波長で、全天の96％を探査し、その間に35万のエネルギー源を発見した。

スピッツァー宇宙望遠鏡は、地球の軌道上の赤外線天文台である。NASAは、これを2003年8月25日に打ち上げた。赤外線における次の跳躍は、ジェームス・ウェッブ宇宙望遠鏡の観測である。

しかし、赤外線放射だけが、科学者の発見した電磁気スペクトルの見えない領域ではなかった。1801年、ハーシェルの赤外線発見の翌年、ドイツ人科学者ヨハン・ヴィルヘルム・リッターが、そのハーシェルの実験結果を知って、スペクトルの紫の終わりの部分に冷却効果があるかもしれないと考えた。しかし、彼の思うようにはいかなかった。その代わり、彼は、次の

ようなことに気づいた。彼は、銀の塩化物に浸した紙を、紫色の光の近くへ置いた。すると、ほかのどの部分よりも速く、その紙が薄暗くなった。そこで、彼は、その見えない光を「酸化させる光線」と呼んだ。現在、我々は、それを「紫外線」と称している。

## 電波天文学

電磁気スペクトルの電波領域は、すべての最長波長のものをいう。約1mの波長が一番短い。マクスウェルが、その存在を予想し、1887年、ドイツ人物理学者ハインリヒ・ルドルフ・ヘルツが、彼の実験室で、電波をつくることに成功した。その後の発展は著しく、20世紀初頭、電波はコミュニケーションの形になった。

アメリカ人物理学者カール・ジャンスキーは、1920年代終盤に設立されたベル電話実験室で働いていた。この会社は、ラジオ電波を使って、大西洋横断電話サービスをする目的で設立された。ジャンスキーの仕事は、雑音源の研究であった。

彼は、30m幅のターンテーブルに載ったアンテナを設計し建造した。そのアンテナで14.5mの波長をもったエネルギーを受信した。アンテナは回転するので、どの方向からも信号をキャッチできた。

数カ月後、ジャンスキーは、3種類の雑音を特定した。それは、近郊の雷と遠雷、それに出所のわからない、弱い、安定したシューと鳴る音であった。そのシューと鳴る音は、1日に1

回ピークに達した。それで、最初、ジャンスキーは、太陽が非難していると考えた。

　しかし、数カ月後、その最も不思議な信号が、太陽の位置を離れて、別の場所に移動した。さらに、その信号は、23時間56分ごとに繰り返された。これは、星の特徴で太陽ではない。太陽は、24時間ごとに繰り返すはずだ。

　1933年、ジャンスキーは、その放射はミルキーウェイから来ていて、銀河の中心へ向かうと最強になると結論付けた。電波天文学がこうして生まれた。

　1937年、アメリカ人アマチュア天文学者グロート・レーバーは、ジャンスキーの発見にヒントを得て、裏庭に電波望遠鏡を造った。そのアンテナは9.6ｍ幅であった。その望遠鏡を使って、彼が、最初に、電波周波数で全天探査を遂行した。

　次の大発見は1942年であった。この年、英国人物理学者ジェームス・ヘイが、太陽からの電波放出を探知した。天文学者は、半世紀の間、このような電波を探査してきた。太陽は、地球にたいへん近いので、全天のどの電波源より強い電波を出している。しかし、ヘイは、それでは終わらなかった。4年後、彼と彼の仲間が、最初のミルキーウェイ銀河外の電波源を発見した。それは、現在、シグナスＡと呼ばれているもので白鳥座にある。

　電波の波長を使った研究は、天文学では、たいへん重要な部分になっている。多くの「初めて」という言葉を使った発見の中に、電波天文学者が発見したものは、パルサー、クエーサー、そして宇宙マイクロ波背景放射が挙げられる。

天文学的分光学は、ニュートンが彼のスペクトルを投影して以来、3世紀半近くの長い道のりであった。巨大望遠鏡は、今、科学者がただ光だけを分解するのではなく、宇宙の彼方にある天体から来るすべての放射を分解するために使われている。

　加えて、超高感度の探知器が、科学者が素早く分析できるスペクトルのグラフを作る。多周波帯の機器は、同時に、電磁波スペクトルの複数カ所のデータを集めることができる。分光器は、カラフルな過去をもっているようで、その未来も非常に明るいものになるだろう。

# 第3章　波長を超えて

## 宇宙電波放射

　カール・ジャンスキー、グロート・レーバー、そしてその他の天文学者によって最初に追跡された宇宙電波放射は、その強度においてはスムーズなスペクトルを持っている。なお、これは宇宙マイクロ波背景放射とは違う。宇宙電波放射は、連続光放射として知られたものである。連続光は連続スペクトルを持つ光で、連続光放射とは連続光の放射をいう。連続スペクトルとは、ある波長範囲にわたって途切れなく現れるスペクトルで、固体や液体が発する熱放射のスペクトルがその例である。太陽光は連続スペクトルを持つ。この放射の大部分は、星間物質内の自由電子から来る。その負の電荷を帯びた幾つかは、水素とヘリウムの正の電荷を帯びたイオンの側を勢いよく通り過ぎる。なお、水素とヘリウムは、宇宙において最も豊富な元素である。電子は、これらの電荷を持った原子核の側を疾走するので、それらは制動放射線の形でエネルギーを失う。制動放射とは、高速の荷電粒子が強い電場を通過するとき、加速度を受けて電磁波を放出する現象をいう。光のこの形状は、電波波長で容易に探知され、電子が元々所属していた原子から自由になったところなら何処にでも存在する。その場所の状態は、いつも絶対温度で数千度必要である。新しく誕生した恒星の隠れ

場所を取り巻くイオン化された星雲は、強い制動放射線を出している。何故なら、それらは適温であって、十分に高い密度を持っているからである。だから、派手に我々にその存在を知らせてくれる。その例が、オリオン星雲内にある。

　他の自由電子は、光速に近い猛烈な速度で動いている。これらの相対論的電子は、素早く自転する中性子星の強烈な磁気圏内、超新星爆発の焼け付くような残骸内、そして分散した星間物質の至る所の磁力線に沿うように螺旋状に動くことが発見された。

　上記の両方の自由電子はエネルギーを失う。それはシンクロトロン放射として知られている。我々は、シンクロトロン放射をパルサー、超新星爆発残骸、そして相対論的電子と磁場が絡み合っているところから来る放射として観測できる。

　宇宙電波放射のもう1つの形状は、天文学者にとって特に重要である。何故ならば、それは宇宙における個々の最も豊富なガスを追跡できるからである。原子水素は、1個の正の電荷を帯びた陽子と、その周りに群れる負の電荷を帯びた電子からできている。その電子の軌道は量子化されていて、励起の度合いによって、その電子が占めるエネルギーレベルを生み出す。分子・原子・原子核などの量子力学的な系が、外部からエネルギーを得て、初めより高いエネルギーを持つ定常状態（励起状態）に移ることを「励起」という。

　その電子は、スピンに近い量子的性質も保有している。その電子は、低いエネルギーの適度の状態にあるときは、そのスピンは保有している陽子とは逆のスピンである。しかし、その電

子を励起させて陽子と同じスピンをするまでには、それほど時間はかからない。そして、その電子が最終的に低いエネルギーのスピン状態にでんぐり返ったとき、それは非常に低いエネルギーの陽子を放射する。これに対応する宇宙電波放射が、21 cm の揺れる波長を持っている。1944年、オランダ人天文学者ヘンドリック・ヴァン・デ・ハルスが、この特別な放射は、ミルキーウェイ銀河に充満していると予測した。6 年後、それがハロルド・ユーアンに発見された。ユーアンは、ハーバード研究所の物理学者エドワード・パーセルの指導を受けていた院生だった。その後、原子水素の21 cm 放射を星図に表す目的で、大きくて感度の良い巨大な電波望遠鏡が建造された。

　原子水素からの21 cm 宇宙電波放射は、ミルキーウェイ銀河の中央平面付近で最も光度が高い。それは、宇宙における最も豊富にある元素を追跡しているので、21 cm 宇宙電波放射は、ミルキーウェイ銀河のディスク内に存在するガスの良質の追跡子になる。この放射のもう 1 つの利点は、塵の存在によって妨害を受けないことである。その長い波長の放射が、途中で邪魔をする塵の雲を容易にすり抜けるので、我々はミルキーウェイ銀河の反対側のガス状の地域でもはっきり把握できる。最も重要なことは、その放射のスペクトル線の特徴は、視線に沿った相対的な動きに敏感であることである。だから、ドップラー効果によって、後退するガス雲の宇宙電波放射は、21 cm より大きく引き伸ばされる。この波長内の増加が、電波受信器で非常に正確に計測でき、天文学者は、後退するガス雲の速度を計測できる。同じことが、近づくガス雲にも適応できる。その場

合、受信する放射の波長は圧縮されるので、基準の21 cm より小さい値になり、圧縮の度合いが近づく速度に正比例する。

## ダークマターの存在

　ミルキーウェイ銀河の全般に亘る、原子水素からのピーク放射の波長の計測と、ドップラー効果によるこれらの計測値の解析から、天文学者は、その原子水素が、ミルキーウェイ銀河内をどのように、あちこち動き回っているかを学ぶことができた。そこで彼らは、そのガス雲は、ミルキーウェイ銀河中心をほとんど円軌道で回っていることを発見した。しかし、思いがけなかったことは、その公転速度が、銀河の中心から大きく離れた半径でも、減速しないことだった。それよりも、27,000 光年という太陽公転軌道半径の2倍よりも大きい軌道半径上でも、公転軌道は本質的に一定である。

　太陽系を考えてみよう。ケプラーの法則の3つ目は、惑星の公転周期の2乗は、軌道長半径の3乗に比例すると言っている。従って、太陽からの距離が遠くなれば、公転速度は減少する。太陽系の場合、1つの優勢な質量である太陽の存在に惑星は従っている。各惑星の公転速度は、その惑星と太陽の間の重力的縛りと平衡であると容易に理解できる。そこで、ミルキーウェイ銀河中心を旋回しながら公転するガス雲について再度考えてみよう。それらは、1つの優勢な中心の質量から予想される速度より遥かに速く公転している。実際、それらは、ミルキーウェイ銀河内の、どのような知られた形状の物質による重

力的縛りをも無視する速度で、ミルキーウェイ銀河を回っている。それらのガス雲を銀河間空間に飛散しないように保つ何かがあるはずである。この見えない何かは、「ダークマター」と称されて、非常に質量が大きいようで、どのような波長でもいまだに見えない。

ミルキーウェイ銀河内の原子水素の速度から、銀河半径の関数として、これまでに蓄積した質量が計算できる。観測されたディスクとバルジ構成要素の総質量は、最大で太陽質量の約25億倍になる。そこから、ダークマターハローの存在が推定できて、その総質量は太陽質量の3,000億倍を超える。

ダークマターとは何かという問題は、現代天文学の難問の1つとして未解決で残っている。ダークマターの存在に対する証拠は、ミルキーウェイ銀河内と他の銀河内の多くの素早い恒星とガス雲の動き、銀河団内の銀河の間の素早い動き、そしてさらに遠方にある銀河の前方にある銀河団によって生じる重力レンズ効果によって発見された。最後の状況は、背後にある銀河の像が、前方の銀河団の強烈な重力によって歪められている。これら全ての現象は、ダークマターの存在を明示していて、我々が直接探知できる全ての物質よりも遥かに多い。ミルキーウェイ銀河内で、恒星と星雲のミルキーウェイ銀河内の公転速度と質量の推定値から、ミルキーウェイ銀河質量の80％以上がダークマターであることがわかった。そのダークマターが一体何物であるかは、今のところ全くわかっていない。

# マイクロ波

電波スペクトルの短い波長で高周波の部分は、その放射を正確に集中させるためには、正確に作られたディッシュが必要である。これらのディッシュの表面は、滑らかな料理用パンのようであれば良いが、直径は10mから100mの幅が必要である。探知器はまた、もっと長い電波波長で使われるものよりも、遥かに精巧でなければならない。このような理由から、1970年代終盤まで進歩しなかった。この頃から、機器の進歩とともに新しい発見が続いた。これらの大部分の発見は、恒星を取り巻くところ、あるいは星間空間の分子からだった。1980年代までに、数百の異なった分子が、ミリメーターやセンチメーター波長での放射を通して発見された。大部分のこの放射は、その分子が1つの量子的エネルギーレベルからもう1つ下のレベルまで回転率を変えたときに起こる。

分子天文学で一番よく出るのが、一酸化炭素分子だった。豊富ではあるが弱い二原子の水素とは違って、一酸化炭素は低い温度でも容易に励起して輝く。その分子の最も光輝な放射は、最初の励起回転レベルから下のレベルへの移行時に起こる。その結果の放射は、2.6mm波長で観測できる。一酸化炭素放射は、ミルキーウェイ銀河の中央平面付近で起こる。しかし、少し例外もある。それは近隣の分子雲から来る。

このような一酸化炭素放射は、この波長で観測すると光輝であるので、天文学者は、ミルキーウェイ銀河全般に分布する分子雲の星図を作成することができる。これらの分子雲は巨大

で、10光年から100光年幅を持っていて、太陽質量の10万倍を超えていることもある。そして、これらは信じられないほど低温で、絶対零度の上、わずか5°から20°である。なお、絶対零度は–273℃である。これらの分子雲は、有機分子と極微量の塵粒子を含んでいる。極微量の塵は、可視光星図を作成時、それらを黒く見せてくれる。ミルキーウェイ銀河内の一酸化炭素放射と、20世紀初頭にバーナードが発見した暗黒星雲の間には、密接な関係があるようだ。

　一酸化炭素は分離した波長で強く放射するので、受信する波長はドップラー効果によって計測され理解できる。ミルキーウェイ銀河の自転を考えると、天文学者は、それらの一酸化炭素放射までの距離を計算できる。その結果による分子雲の分布とそれに関係した恒星形成活動から、我々はミルキーウェイ銀河の星雲分布による構造の最初の考え方を持った。


## サブミリメーター波

　ミルキーウェイ銀河の星図作成の最後の砦は、サブミリメーター波長である。電磁波スペクトルのこの領域は、数百ミクロンから1mmの間の波長である。地球大気は、宇宙から来るこのような波長の光をブロックすることに適している。何故ならば、大気中の水と他の豊富な分子が、そのような光を吸収するからである。それで、この波長の光を探知するために、多くの努力があった。マッターホルンに近いヨーロッパアルプスやハワイのマウナケア山頂に天文台を建造した。このような高度だ

と、大気中の水蒸気の90％は望遠鏡より下にあることになるので、サブミリメーター観測に適している。ただ、酸素レベルが40％減少するので、多くの山頂への到達者は、飲酒していなくても酩酊を経験する。高い高度における厳しい酸素不足に慣れた勇敢な天文学者が、一番低温の最も意味のある恒星形成ガスに関する重要なデータを収集した。これらのガスの小塊内の塵粒子は、内部にある誕生しつつある原始恒星の存在を隠す。

　2009年5月、ハーシェル宇宙望遠鏡がフランス領ギアナから打ち上げられた。これはサブミリメーター波長で観測する望遠鏡である。これが、初めてのサブミリメーター波長観測機器で、数億光年彼方の銀河のエネルギー放射と近隣の恒星誕生状況のデータを取得した。また、2014年6月から、チリにあるAtacama Large Millimeter/submillimeter Array（ALMA）が稼働を始めた。これを使って、どのように惑星が形成されるかという問題に対して、大きな進展があったようだ。このような問題については、拙書『太陽系探究』第1章「太陽系星雲の誕生」、第2章「太陽系形成」で詳しく述べているので、参考にされたい。

　なお、ALMAの日本語訳は、アタカマ大型ミリ波サブミリ波干渉計となっているが、66個の電波望遠鏡を使った施設であり、海外での記載も、可視光以外の波長で観測する機器も望遠鏡という記載である。従って、「アタカマ大型ミリメーターサブミリメーター望遠鏡群」とした方が良いように思われるので、本書では、Atacama Large Millimeter/submillimeter Array

（ALMA：アタカマ大型ミリメーターサブミリメーター望遠鏡
群）と記載する。

## 赤外線波長

　全てのスペクトル波長の中で、赤外線領域は最も豊富で、最
も複雑でもある。遠赤外線波長は、50から200ミクロンで、夜
空はこの波長の発光でいっぱいである。この放射の大部分は、
微細な塵粒子から来る。それらは、近隣の恒星で照らされ、数
十ケルビンまで温められる。この熱放射の幾つかは、離散的な
ガス雲から来る。それは、塵によって包み隠された新生児恒星
の存在を明示している。驚くことではないが、これらの恒星の
温床は、ミルキーウェイ銀河中央平面に沿ったところにある。
その部分は、大部分の恒星形成分子ガスがあるところだ。しか
し、遠赤外線で観測できる夜空の多くは、薄く透き通り分散し
ている。このさらに密度の低い星間物質とミルキーウェイ銀河
中央平面に沿った、さらに密度の高い物質との間の関係は、天
文学者を悩ませ続けている。
　遠赤外線放射の多いところと欠乏しているところを見ること
によって、ミルキーウェイ銀河の各緯度における精巧な構図が
描ける。それが、ミルキーウェイ銀河中央平面に向かって、増
える輝きの中に失われるものを引き出す。すると、あらゆる規
模の塵の多い星雲の断片、薄板、ループ、そしてフィラメント
を見つけることができる。実際、その構造の豊かさは、あまり
にも多いので容易に理解できない。このような放射は、実際に

何を追跡すれば良いのか。そして、それらを形作るものは何なのか。

　50から200ミクロン波長放射は、ミルキーウェイ銀河内の大部分の塵の近辺から来ていることは、天文学者はすでに突き止めている。次に、その塵は、ガスとよく混ざり合っていると考えられている。その塵は、分子、原子、あるいはイオン化された形のいずれかである。

　星雲状の塵を照らし温めることは別にして、近隣の恒星は、また、周囲の星雲を形作ることができる。そして、大質量高温恒星は、周囲の星雲を掻き回す強烈な恒星風を吹かすことができる。最終的に、大質量高温恒星は、超新星爆発を起こす。すると、物質を近隣に撒き散らすので、星間物質に多大の影響を与える。また、太陽のように質量の小さい恒星も、惑星型星雲を形成するので、近隣の星間物質に影響を与える。それは、0.1光年から10光年くらいの範囲への影響であるが、時には100光年、あるいは、それ以上に関係することもある。しかし、これが宇宙の進化には重要な役割を果たす。

　中赤外線波長は5から50ミクロン波長放射で、この放射の大部分は、有機分子から来ると考えられている。2003年に打ち上げられたスピッツァー宇宙望遠鏡は、ミルキーウェイ銀河内と他の恒星形成中の銀河内に、これらの有機分子が存在することを突き止めた。このような放射は、新しく形成されつつある恒星形成集団に関係している。天文学者は、特に星雲状の恒星誕生場所に注目している。

　近赤外線波長は1から5ミクロン波長放射である。近赤外線

放射は、星間空間の塵の影響を受ける割合が少ないので、この波長で観測し、ミルキーウェイ銀河の恒星分布等の構造を天文学者は発見することができた。ミルキーウェイ銀河のディスクが、カッコいいフェドーラ帽のように曲がっていて、中心のバルジは、楕円形のバーの形状であることがわかった。

　ジェームス・ウェッブ宇宙望遠鏡（JWST）は、アリアン5ロケットがフランス領ギアナから2021年12月25日に打ち上げられた。

　JWSTの赤外線に対する感度が、実際には画期的なことである。その宇宙望遠鏡は、0.6から28.5ミクロンの波長で見ることができる。これは、可視光スペクトルの赤の端から中赤外線にあたる。ハッブル宇宙望遠鏡は、0.09ミクロン（紫外線）から2.5ミクロン（近赤外線）の放射を記録することに効果的だった。それは可視光を中心にした感度である。

　赤外線で観測することから、天文学者は、ビッグバン以後10億年に満たないところに存在する銀河を観測することができる。このように遠方の天体は、紫外線と可視光で輝いているが、宇宙の膨張がこの放射を長い赤外線波長にシフトさせる。赤外線で覗き込むことは、地球近隣からこのような若い銀河を観測するただ1つの方法である。同じことが、新しく形成された恒星についても真実である。幼児の恒星を包み込む塵は、可視光を撒き散らし、我々の目からその内部を隠してしまう。しかし、赤外線放射はそれらを貫通する。

## 可 視光波長

　可視光は0.3から0.1ミクロン波長放射である。これは、3,000から10,000オングストロームと同値で、1オングストロームは$10^{-10}$mである。

　ミルキーウェイ銀河ディスクの地球からの可視光眺望によると、一番近いところで5,000光年くらいまで偏っている。それは、塵の雲がそこにある大部分のもの、そしてそれを超えたものを曇らせているからだ。それにもかかわらず、この範囲内には、多くの不思議な天体があって、天文学者の眼を夜は釘付けにしている。ここには、恒星形成星雲、全ての種類の恒星、これらの恒星の周りにある惑星系、惑星型星雲、超新星爆発残骸、白色矮星、中性子星、ブラックホールのようなコンパクトな恒星残骸、相互に作用し合う二重星、豊富な星団、新星爆発、そして、その他の驚くべき天体が含まれる。実際、我々が知るミルキーウェイ銀河内の恒星や恒星残骸の大部分は、可視光波長による観測ができる。

　ミルキーウェイ銀河内のイオン化された星雲は、特に、可視光波長では突出している。イオンは1つ、あるいはそれ以上の電子を遊離した原子である。励起された電子は、イオンの保有で、低いエネルギーレベルに滝のように落ちるとき、規定の量子的ジャンプに対応した波長でスペクトル線放射をする。酸素、窒素、そして硫黄のイオンは、星雲内で観測され、それらの星雲は、近隣の高温で、紫外線で輝いている恒星、あるいは幾つかの近隣の新星爆発か、噴出による衝撃波の動きによって

蛍光を発する。

　ミルキーウェイ銀河内のイオン化されたガスの最も光輝な可視光で見える形跡は、水素アルファ放射で、これは、稀な陽子である水素イオンが、再度自由電子を捕獲したとき起こる。その捕まった電子は、低いエネルギーレベルに滝のように落ちるので、水素放射線の完全なスペクトルを見せる。3番目のエネルギーレベルから2番目のエネルギーレベルにジャンプするとき、よく見かけるルビーのような赤い水素アルファ放射をする。これは波長が6,563オングストロームである。この放射は、ミルキーウェイ銀河内で広く観測され、光輝な恒星形成領域や、巨大な膨張するガスの外殻で見られる。

## 紫 外線波長

　地球大気のオゾン層は、大部分の紫外線が、効果的に地球表面に達することをブロックしている。これは良いニュースで、そのお陰で末期的な日焼けを望まない人を助けている。しかし、紫外線天文学者は、バルーン、ロケット、そして宇宙望遠鏡を必要とする。このスペクトルの波長の範囲は、大変な苦労をしてやっと手に入れたもので、ちょうど過去25年間に、重要な結果をもたらした。

　この波長は100から3,000オングストロームである。紫外線放射は、また、ミルキーウェイ銀河内に充満する多くの塵粒子によって容易に吸収される。912オングストローム以下の波長の紫外線放射は、水素ガス自体が効果的な吸収剤になる。水素

原子の単独電子は、遊離するためにどのような末端の紫外線光子も捕獲するからである。だから、紫外線連続放射の全天探査が面白くないことは驚くことではない。そこでできた分布星図は、全天を横切るように分布された200個から300個の高温恒星を示している。それらの多くは、太陽からわずか100光年以内に位置する白色矮星恒星残骸であることがわかった。ミルキーウェイ銀河の塵の多いディスクから離れると、不明瞭さは激減して、さらに遠くの天体が、紫外線波長で観測できる。例えば、スペースシャトルコロンビアに搭載され、機能する望遠鏡による紫外線イメージングは、約３万光年の距離にあるミルキーウェイ銀河ハローの、球状星団内にいる高温恒星の集団を記録した。これら球状星団内の古い恒星は、最後に近い呼吸をしている。最近それらの外層を吐き出して、それらの恒星は、高温の内部核を完全に露出し、紫外線で光輝に輝いている。

　塵の制限する作用にもかかわらず、紫外線で観測した夜空は、３個、あるいはそれ以上の電子を失った原子からのスペクトル線放射で満ち溢れている。これらの原子から、外部の電子を遊離するために必要なエネルギーは、印象的であって、数十万度までの温度を明示する。この種の温度は、超新星爆発残骸の衝撃を受ける外殻内で発見される。そこでは、そのガスは、数百万度から数千度まで温度が下がっている。最近の全天紫外線探査から、３回イオン化された炭素、４回イオン化された酸素、そしてイオン化された元素からの分散した放射の部分的な星図ができた。これらの先駆的星図は、近い将来、ミルキーウェイ銀河の紫外線パノラマをさらに明らかにする前兆と

なる。

　一方、全天にばら撒かれた、多くの光輝で遠方にあるクエーサーの紫外線分光学は、スペクトルの小区画を見せている。その小区画は、いつも吸収の特徴を含んでいる。その特徴は、ミルキーウェイ銀河の前方にあるハロー内の、極めて高温のガス雲によってつくられる。これらの吸収ラインの特徴は、そのガス雲の温度、密度、そして運動学の極めて正確な計測を可能にする。我々は、現在、ミルキーウェイ銀河ハローは、灼熱のガスの薄い雲で突き刺されていることを認めている。これらのガス雲の起源は不確かであるが、多くの天文学者は、それらのガス状噴出をハローの中に排出した、ミルキーウェイ銀河ディスク内の、最近の超新星爆発であるとみている。天文学者は、さらに、この高温ガスは、ゆっくりさらに低い温度まで冷えて、最終的に銀河的噴水と描写されたものの中のディスク上に、雨のように落ちて戻って行くと考えている。

　私は、上記のガス雲と第 2 部「ミルキーウェイ銀河内部」第 8 章「フェルミバブル」で述べる、フェルミバブルが関係すると考えている。


# X 線波長

　X線放射は、1 から 100 オングストローム幅の小さく振動する波長で揺れている。この幅は、個々の原子や分子のサイズである。歯医者で使う X 線は、強い電圧差の間で電子を加速させ、金属製のターゲットに、これらの電子を衝突させる。する

と、これらの電子の突然の減速が、X線光子の形でエネルギーを出し、そのX線が、我々の柔らかい筋肉組織を突き抜け、虫歯の部分を明らかにする。宇宙におけるX線放射も、同様のエネルギーに関するプロセスから生じる。そのプロセスは、爆発的で磁気的に強烈な現象、あるいは数百万ケルビンまで加熱されたガスのいずれかで起こる。如何なるX線放射も、地球大気を貫通して地上に達することはない。だから、X線天文学者は、宇宙に置いた機器が必要になる。

　X線天文学者は、稀に振動する波長、あるいは周波数の言葉で話すことがある。それよりも、彼らは個々のX線光子のエネルギーを考える。彼らが使うエネルギー単位は電子ボルト（eV）で、1電子ボルト（1 eV）は、1つの電子が1ボルトの電圧差で加速したとき、その電子に与えられるエネルギー量である。我々の目が探知し、脳が色について理解する光子は、2 eV、3 eVのエネルギーである。HII領域を生み出すイオン化する紫外線光子は、13.6 eVを超えたエネルギーである。X線天文学者は、数百から数百億電子ボルトのエネルギーを持った光子を扱っている。

　最近のX線による全天星図は、いつも探知された光子エネルギーによってカラーコードされている。青は最高エネルギーで、赤は最低エネルギーを表す。これらX線による眺望は、出所不明のもっと分散した放射と共に、恒星が爆発した別々の地域を明らかにする。2つの光輝な地域が突出している。1つは白鳥座ループ超新星爆発残骸で、もう1つが船尾座帆座超新星爆発残骸複合体である。ミルキーウェイ銀河中心の方向から

の、分散した放射の優位性は、現在議論中である。それは、ミルキーウェイ銀河中心付近の、最近の数千の超新星爆発からの、巨大な噴出を辿っているのか。太陽のミルキーウェイ銀河公転軌道の内部にある分子リング内の、数百の超新星爆発からのものか。あるいは、もっと局所的で、それほどパワフルでない起源があるのか。最近の分析によると、ミルキーウェイ銀河中心に非常に近い所の放射ガスであって、約150万年前に爆発した約1万の超新星爆発を含む、途方もない二極の流出であると推測されるようになった。

　その分散した放射は別として、全天X線探査は、時間経過とともに劇的に変化する別々の源を明らかにしている。Rossi X-ray Transient Explorer（RXTE：ロッシー X 線過渡探査機）は、数日、数週間、数カ月、そして数年に亘る、X線源の振る舞いを記録するように設計された。1996年2月から1998年12月までの間、RXTE は全天をモニターした。X線源は、パルサー、中性子星、そしてブラックホールからの放射だった。これらいわゆるコンパクトな恒星残骸天体は、接近した二重星系内にあると考えられている。そこでは、それら恒星残骸天体が伴星を捕食している。犠牲になっている恒星からのガスは、コンパクトな伴星の驚異的な重力で、極端な速度まで加速されている。そのガスが、これら哀れな伴星を取り囲む膠着円盤の上に急落するとき、それらはX線用語で、強烈な最後を見せる。

# ガンマ線波長

　X線と同様に、ガンマ線放射も、そこに含まれる光子エネルギーに関することで研究されてきた。ガンマ線でよく出る単位は、数百万電子ボルトから数十億電子ボルトであり、MeV から GeV で表示される。実際、ガンマ線光子は、非常にエネルギーが高く稀であるので、各自に名前が付けられている。ガンマ線を探知することは、いろいろな形の物質、あるいは他のものとの相互作用を追跡することを含んでいる。幾つかの探知器は、ガンマ線が機器内の結晶と相互作用したとき、放射される可視光を記録する。他の探知器は、発光の媒体として地球大気自体を使う。別の探知器は、放電箱の中に高エネルギー光子を捉える。

　全ミルキーウェイ銀河の星図を作った最初のガンマ線探知機は、4台の精巧で重量のある探知装置を搭載していた。17,000 kg の Comptom Gamma-Rey Observatory（CGRO：コンプトンガンマ線探知機）は、1991年4月、スペースシャトルアトランティスで軌道上に打ち上げられた。これは、ハッブル宇宙望遠鏡、チャンドラX線望遠鏡、そしてスピッツァー宇宙望遠鏡を含む、宇宙望遠鏡の最初であった。CGRO は9年間稼働し、2000年6月に、安定させるジャイロスコープの1つを失い、太平洋に落ちた。

　CGRO に搭載された4台のガンマ線探知機器の1つである EGRET（Energetic Gamma Ray Experiment Telescope：高エネルギーガンマ線探知器）が、高エネルギー20 GeV から30 GeV で

ガンマ線源星図を作成した。その結果の全天パノラマは、ミルキーウェイ銀河内の一番低いエネルギー物質の幾つかを明らかにした。そして、宇宙線である相対的粒子が、ミルキーウェイ銀河内に充満するガス状物質と相互作用するとき、この範囲のエネルギーをもつガンマ線が豊富につくられることがわかった。宇宙線は、種々のガス状物質と相互作用するとき、選り好みをしないので、冷たい分子や冷たい原子ガスの密度の高い集まりを、最も効果的に照らし出す。全体的な星間物質を追跡することは別にして、CGRO は、また、ミルキーウェイ銀河核から放射された、分散したガンマ線放射の高エネルギーのプリューム（噴煙）を探知した。その結果、同様の X 線放射も確認され、全てのこれらの銀河核の振る舞いの起源は何かという問題を提起した。

　全天ガンマ線探査で、これから発見される驚くべきことはたくさんある。幸い、新しい機器が開発されていて、角解像度等が大きく改善されている。これらの進化によって、宇宙の高エネルギー現象が明らかにされる。多くの天文学者が、2008 年6 月に打ち上げられた Fermi Gamma-ray Space Telescope（フェルミガンマ線宇宙望遠鏡）に期待した。この宇宙望遠鏡に関する最新のニュースは、下記のサイトで確かめられる。

　http://fermi.gsfc.nasa.gov/

# 第4章　銀河の形成と進化

　約130億年前、ミルキーウェイ銀河は、ビッグバンの後で形成された。

　晴れた冬の夜、暗いところから夜空を見ると、北半球の夜空は、2,000年以上ミルキーウェイと呼ばれるぼんやりした光の帯によって見下ろされていることがわかる。北から始まって、その一番密度の濃い部分は、ペルセウス座、双子座、一角獣座、子犬座、そして船尾座に吹き抜けていて、南の地平線の下で消滅する。

　その方向に望遠鏡を向けると、イタリア人天文学者ガリレオ・ガリレイが、彼の最初の望遠鏡を通して見たものを確かめられるだろう。ミルキーウェイは無数の星からできている。もちろん、その過去400年が他の特徴もまた明らかにした。その中には、光輝な星雲と暗黒星雲、星団、そして死んだ恒星の消えゆく残骸が含まれる。その4世紀の大部分の間、天文学者は、ミルキーウェイ銀河探査に研究の焦点を絞った。彼らは、ミルキーウェイ銀河のサイズ、形状、質量、動き、その他多くのことを学んだ。しかし1つ大きな疑問が残った。それは、ミルキーウェイ銀河は如何にして形成されたかである。

# 上から下へか、あるいは下から上へか

　歴史的に見て、どのように銀河が形成されるかについての考え方には、2つの一般的ラインがあった。

　長く考えられた最初のものは、銀河形成の上から下へのモデルだった。このシナリオは、最初に形成された巨大な物質のシートを置いて、その後、小さい銀河サイズの単位に分解して、それらが、今日我々がよく見るディスク構造に崩壊したというものだ。このモデルを今後、トップダウンモデルと呼ぶ。銀河形成の初期のトップダウンモデルは、1962年に現れた。それはいつもESLと称される、何故ならば、それを発展させた科学者が、アメリカ人天文学者オリン・ジューク・エッゲン、英国人天体物理学者ドナルド・リンデンベル、そしてアメリカ人天文学者アラン・サンデージだったからである。

　しかし、現代ではパワフルな望遠鏡のお陰で、銀河研究者の大多数は、現在、下から上へ形成されたミルキーウェイ銀河が、より可能性が強いと考えている。このモデルを今後、ボトムアップモデルと呼ぶ。ボトムアップモデルは、原始銀河の合体を説明している。初期宇宙で、矮銀河に進化したガスの小さい小塊が、お互いに融合して、さらに大きな銀河を形成したようだ。

　融合が、銀河形成の主要方法であるという兆候は、1995年に始まったハッブル・ディープ・フィールドプロジェクトと、その後の探査からきている。それらは、可視光で最も感度の良い画像を作り出した。他の方法では描写できない夜空の一画の

これらの画像は、原始銀河に見える遠方の銀河と、無数の小塊のような天体を示している。科学者は、これらの断片が融合して、我々が今日観測するもっと大きな銀河を形成したと考えている。それが正しいならば、初期宇宙のガス雲と星団が一緒になって、ミルキーウェイ銀河核をつくったとき、ミルキーウェイ銀河が形成されたようだ。幾人かの科学者は、ミルキーウェイ銀河は、100個あるいはそれ以上の小さい銀河が、時間経過にともなって融合して成長したと考えている。

　もう1つのボトムアップ理論は、ほとんど球状星団の質量に匹敵する多くのダークマターハローが、ビッグバンの後、形成されたと主張している。重力を通して、これらのハローは融合し、普通の物質を引きつける。そして、最終的に十分に冷えて収縮し、ミルキーウェイ銀河のような銀河を形成する。

　一度このような当初の銀河が形成されると、それらはお互いに引き付けあってグループをつくる。ミルキーウェイ銀河の場合は、ローカルグループがそれに当たる。そして最終的に銀河団になる。これは近隣の乙女座銀河団である。この特別な理論は、また、多くの小さい銀河と比較的に見て、少し大きな銀河を予測している。そして、それが正確に、我々が宇宙を覗き込むとき、我々が見るものになる。


## 成長する銀河

　ビッグバン後10億年、あるいはそれ以上の内に、ミルキーウェイ銀河は多くの質量を蓄積した。その多くを核内に収めた

ので、ミルキーウェイ銀河の当初の自転は、角運動量保存則に従って加速された。物質の自転でできる球形は、ディスクに進化した。太陽を含む後続世代の恒星が、そのディスクの中で形成された。

　しかし、それは銀河になったけれど、ミルキーウェイ銀河は成長を終えていない。時間経過とともに、ミルキーウェイ銀河は、ガスの膠着からさらに成長した。現在、ミルキーウェイ銀河の、大きな 2 個の伴銀河である大小マゼラン雲から、そのガスの多くが来ている。アメリカ人天文学者が、この流れを 1965 年に発見し、それをマゼラニックストリームと呼んでいる。

　ミルキーウェイ銀河への別のガスの根源は、スミス雲である。これはゲイル P. スミスが 1963 年に発見した。スミスは、そのとき、オランダのライデン大学で天文学を研究していたアメリカ人学生だった。水素のこの雲は、約 10,000 光年の長さで 3,000 光年幅を持つ。天文学者は当初、その質量は、太陽質量の 100 万倍から 200 万倍の間であると推定した。しかし、現在の調査から、その質量の 100 倍の質量を持つダークマターハローを持っているようであることがわかった。もしそうならば、スミス雲のより良い分類は、矮銀河だろう。それは、ミルキーウェイ銀河に向かって時速 32 万 km で突進している。そして、むこう 2,700 万年の内に、ミルキーウェイ銀河のペルセウスの腕と衝突を始めるだろう。

## ディスクから球形に

　多くの銀河を研究することによって、宇宙論学者は、そこには3つのタイプがあると結論付けた。色ー等級図上に銀河を置くとき、これが形跡になる。その図は、1つの軸に絶対光度、別の軸に質量を置いている。若い高温恒星の光のブルーである渦巻銀河、あるいはディスク銀河は、ブルークラウドと呼ばれる図の地域に入る。

　楕円銀河と呼ばれる次のグループは、満載の古くて赤い恒星から成る銀河である。これらは、レッドシークエンスと呼ばれる図の地域を作っている。幾つかの楕円銀河は、宇宙における最も大きな天体である。それらの恒星は、でたらめに銀河の中心を回っていて、ディスク銀河内の恒星のように、秩序立って一緒に回っているわけではない。

　天文学者は、現在、ディスク銀河が最初に形成され、それらの平らな構造を破壊する銀河の融合を通して、楕円銀河に進化したと考えている。研究者は、融合する銀河の大部分は、重力的に結合した2つの渦巻きの腕を含み、形成以来、その結合は続いているという多くの例を指摘している。両方の銀河が、ほとんど同質量ならば、一度融合が終了すると、形成された1つの銀河は、それらのいずれとも似ていなくて、それは楕円銀河になるようだ。

　ブルークラウドとレッドシークエンスの間に、グリーンヴァレーがある。この地域は、ブルークラウド銀河が歳をとって、レッドシークエンスになったところである。ミルキーウェイ銀

河は、何か奇妙な天体ではあるが、グリーンヴァレー内に位置している。ミルキーウェイ銀河と同様の他の銀河の計測から、ミルキーウェイ銀河は一番赤い、依然として新しい恒星を形成している一番光輝な渦巻銀河に入る。

　しかし、ミルキーウェイ銀河とグリーンヴァレーの他のメンバーは、恒星形成のためのガスを枯渇している。コンピュータシミュレーションは、ミルキーウェイ銀河内の全ての恒星形成は、約50億年の内に停止することを示している。その頃、ミルキーウェイ銀河とアンドロメダ銀河が衝突して、恒星形成の増加が見込まれる。この融合の産物は、巨大な赤色楕円銀河の形成であるようだ。

　従ってビッグバン後約190億年で、ミルキーウェイ銀河は、ゆっくりではあるが、容赦のない衰退を始める。そして今から1兆年で、最後の恒星が視野から消えるとき、ミルキーウェイ銀河の終わりがくる。

## ミルキーウェイ銀河の詳細

　地球上に残された暗いところへ行くと、夜空に広がる星の明るい帯のようなものが見える。それは、渦巻銀河の円盤の中に、我々が住んでいる事実の証しである。ミルキーウェイ銀河は、渦巻きの腕と、バルジと呼ばれる中央部分に星が集中したものを含んでいる。さらに、巨大な球状の星のハローが、渦巻きの腕とバルジを取り囲んでいる。古い恒星は、そのハロー内とバルジにあり、若い恒星は、その円盤と渦巻きの腕に沿った

ところにいる。

　しかし、何故、ミルキーウェイ銀河が、このような構造に
なっているのか。そして、如何にして、そのような形になった
のか。過去数十年の研究成果から、次のようなことがわかっ
た。銀河は、少なくともある程度までは、さらに小さい構成ブ
ロックでできている。その構成ブロックが矮銀河で、時間とと
もに融合して、大きな構造を形成する。宇宙の構成物につい
て、我々の知るものを基礎にした理論的モデルは、底から積み
上げる階層的形成シナリオを予測している。この融合プロセス
は、彼方にある銀河やミルキーウェイ銀河の近隣銀河の写真か
ら、はっきりと見ることができる。隣にあるアンドロメダ銀河
の外縁部の写真は、多くの星流を明らかにしている。この星流
は、アンドロメダ銀河の重力場によって、引き裂かれた矮銀河
の名残である。

　地球から見る天文学者には、残念ながら、単なる写真からで
は、このような星流を確認するのは容易なことではない。その
ような星流は、ミルキーウェイ銀河内にある他の星の背景の中
に、消えているからである。しかし、我々は、星の速度を比較
することによって、星までの距離を測り、図上に記入すること
によって、夜空のすごい星図を作成することができる。そのと
き、星流は、容易にピックアップできて、銀河考古学をするこ
とができ、銀河作成について、次のような大問題に答えられる
だろう。ミルキーウェイ銀河の原始的な構成ブロックは何処に
あるか。いつ、それらがミルキーウェイ銀河に加わったか。そ
して、各構成ブロック内の恒星の構成物は何か。

　恒星の位置、動き、そして性質は、ミルキーウェイ銀河の形成と進化についての手がかりを持っている。だから、ESA は、2013 年 12 月 19 日、ガイアと呼ばれる探査機を打ち上げた。その目的は、ミルキーウェイ銀河内の 10 億個以上の恒星の、正確な性質を測ることである。最終的な目標は、ミルキーウェイ銀河の 3D 星図を作成することである。それが、ガイア探査機科学者チームと多くの天文学者が、ミルキーウェイ銀河が、どのように進化したかを理解する手助けになる。

# 第5章　ミルキーウェイの銀河概要

## 内部構造

（上から見た場合）

1. 銀河の中心：地球から約26,000光年の距離にあり、太陽質量の約400万倍の質量をもつ巨大ブラックホール射手座Ａスターがある。

2. 銀河のロングバー：円軌道というより、円に近い楕円軌道で、恒星が公転する領域をいい、約28,000光年の長さである。

3. 中心の分子ゾーン：高密度のガスを含み、高い頻度で新しい恒星が形成されているゾーン。ここでの恒星の形成率は、外側より遥かに高頻度である。幅は、2,400光年である。

4. 渦巻きのアーム：銀河の中心を公転する恒星とガスが、このアームへ入ると、動きが遅くなり、お互いぶつかり合って、新しい恒星を形成させる。

5. ガスの流れ：星間ガスがアームへ入ると、そのガスは、わずかに銀河の中心方向へ方向を変えられ、そこで、新しい恒星を形成する種となる。

6. 回転：銀河の中心を回る、恒星、ガス、それに塵の動きは、ミルキーウェイ銀河の全体構造を保持している。

（横から見た場合）

1．銀河のバルジ：銀河の中心に近いところにあり、球状の恒
　　星の集まりで、銀河の中心を回っている。

2．銀河のディスク：銀河の大部分の星を含んでいる部分で、
　　薄いディスクと厚いディスクからなる。薄いディスクは、
　　大部分の星を含み、約1,500光年の厚さがある。厚いディ
　　スクは、約3,000光年の厚さである。これらのディスクは、
　　中性水素の歪んだ層とともに、銀河の大部分のガスを含
　　み、中心から約72,000光年の距離まで広がっている。

3．ディスク構造：ディスクの中で恒星が形成されるとき、周
　　りのガスを高温にし、恒星への崩壊を防ぐために、外部へ
　　の圧力が働く。

4．高速ガス雲：少なくとも、20個余りのガス雲と数百の小
　　さいガス雲が、銀河を回転している。これらが衝突したと
　　き、新しい恒星の種になる。

5．球状星団：少なくとも158個の密度の高い恒星の集団が、
　　銀河から広がったハローの中を公転している。


# 内部から見たミルキーウェイ銀河

　夏の暗い夜、外へ出ると、夜空に広がる星でいっぱいの光の
帯が見られる。その帯は、北東から南西に延びている。その帯
のミルクのような白い発光を、数千年前、夜空を見上げる人々
が「ミルクの道」と呼ぶようになった。ミルキーウェイは、本
来ラテン語であったが、英語に言い換えたものである。

数百の光輝な恒星が、ミルキーウェイを強調している。しかし、その帯が、あまりに光度が低いので、肉眼では見ることができない数百万個の星からできていることを科学者が認識したのは、17世紀初頭だった。ガリレオ・ガリレイが、彼の原始的な望遠鏡をこの帯へ向けてからであった。これが、ミルキーウェイ銀河の現在の知識を得るまでの、長い道のりの最初の一歩であった。現在では、ミルキーウェイ銀河は、バーを持った渦巻銀河で、ペルセウス座と盾座セントールス座アームの2つの大きなアームと、数個の小さいアームをもっていることがわかっている。

　しかし、我々は、何故、帯として銀河を見るのか。貴方の背丈より少し高い木で覆われた森の中に貴方がいると想像してほしい。上方を見ると空が見える。下を見ると視野の中へは地面しか入らない。しかし、目の高さであたりを見回すと、目に入る物はすべて木である。

　ミルキーウェイ銀河は、この木に当たる。星の帯を形成して地球を取り巻いている。地球の地軸が、銀河へ向かって少し傾いているので、一年を通すと位置が変わる。春の夜には、ミルキーウェイ銀河は、地平線の上に少しだけ現れ、残りは視野に入らない。しかし、後の季節は、すばらしい光景を見ることができる。

　ミルキーウェイ銀河内部の地球の位置から見ると、渦巻きのアームが、我々の周りをねじ曲がるように広がっている。無数の星とガスと塵からなる雲が、ミルキーウェイとして知られている、夜空を横切る帯を形成している。

　ミルキーウェイ銀河の外へ出て、ミルキーウェイ銀河を見ると、銀河の渦巻きアームと中央のバーの光景を見ることができる。地球は、銀河の中心から、約26,000光年のところにあって、小さいアームであるオリオンスパーと呼ばれている部分に入っている。

　北アメリカ星雲（NGC 7000）とペリカン星雲（IC 5067）は、オリオンスパーの中で、地球に近接した部分に位置している。ラグーン星雲（M8）は、射手座アームの中にあり、夜空では、銀河の中心方向から6°ずれている。カリーナ星雲（NGC 3372）は、銀河の円盤平面にあり、地球から数千光年の距離にある。オリオン星雲（M42）は、射手座アームとペルセウス座アームの間に位置するオリオンスパーにあり、地球から約1,500光年離れている。プレアデス星団（M45）は、銀河の円盤平面の下23°のところにあるが、銀河の中心とは、ほぼ正反対の位置にある。

## 種々の眺望

**ミルキーウェイ銀河のエッジオン眺望**：ミルキーウェイ銀河平面は、巨大なガスと、塵の雲の中に埋め込まれた、高温の恒星によってつくられた熱で輝いている。スピッツァー宇宙望遠鏡からの赤外線による眺望は、銀河中心の両サイドに75°、上下に1°伸びている。

**ミルキーウェイ銀河のバードアイ眺望**：ミルキーウェイの中

央バーは、銀河のディスクの遥か北からの眺望で引き立つ。天文学者は20世紀にミルキーウェイの全体構造を把握した。

## ミルキーウェイ銀河の上からの眺望：ミルキーウェイ銀河の斜角眺望では、ミルキーウェイ銀河の渦巻構造が感知できる。2つの主要渦巻き腕、盾座セントールス座渦巻き腕とペルセウス座渦巻き腕がそのバーの端から巻き上がっている。2つの小さい渦巻き腕、射手座渦巻き腕と定規座渦巻き腕が、ミルキーウェイ銀河の複雑さを増している。太陽は、オリオンスパーと呼ばれる部分的な渦巻き腕内のミルキーウェイ銀河中心から約26,000光年のところにある。全天で最も光輝な星雲は地球から近いので、大きく突出して見える。

第2部

# ミルキーウェイ銀河内部

# 第1章　太陽系近隣

　我々は、第1部の第1章から第3章で述べたような方法で、夜空に輝く光源までの距離を決定して、ミルキーウェイ銀河の形状を学んできた。同様の測定によって、太陽系に一番近い天体を決定することができた。そこで、太陽系近隣と呼べる恒星までの距離測定が、宇宙における他のすべての天体までの距離を決める手段になった。その結果、我々は恒星と惑星系の奇妙な分類を発見した。それらの大部分は、太陽や太陽系とは似ても似つかぬものであった。

## 近隣恒星調査

　ミルキーウェイ銀河における太陽系近隣の正確な範囲について、天文学者は意見を異にしているが、ここでは半径約100光年を太陽系近隣と考えることにする。このような見方をすると、銀河的な不動産のこの一区画は、ミルキーウェイ銀河ディスクによって張られる地域の25万分の1以下になる。

　それでは、一番近いアルファ・セントーリ三重星系から始めよう。南半球の観測者には、8月から12月までの間、アルファ・セントーリの素晴らしい眺めを楽しめる。全天で4番目に光輝な黄色いアルファ・セントーリ系は、−0.27等星で輝き、青みがかった色のベータ・セントーリと絶美の南十字星と

共に夜空に輝いている。望遠鏡でアルファ・セントーリ三重星系を見ると、ライジル・ケンタウルス（アルファ・セントーリＡを国際天文学連合が2016年に改名した）が一番光輝な0.01等星で輝き、1.34等星で輝くオレンジ色のアルファ・セントーリＢが見えて、この２つとは離れたところに、11.09等星の赤っぽい輝きのプロクシマ・セントーリが見える。これは、ライジル・ケンタウルスと比べると17,000倍光度が落ちる。

　アルファ・セントーリ三重星系までの距離は4.36光年で、見かけの光度をこの距離に関して絶対光度に換算すると、太陽の絶対光度に非常に近いことがわかった。その黄色と詳細なスペクトルも太陽に非常に近い。従って、表面温度は5,800ケルビンになる。太陽系近隣の残りの恒星全体を見ると、光度の低いものばかりであるが、最も近い恒星系が、太陽の姉妹星と見ることができるくらい、非常に光輝な恒星を含んでいることに驚かざるを得ない。この偶然性は、太陽とこの恒星が、共通の起源を持つことを示しているのか。多分、そうではないだろう。

　実際、ミルキーウェイ銀河内のどの恒星が兄弟星であるかについては、全くわからない。約46億年前、同じガスの分子雲から我々の家族が誕生して以来、途方もない時間が経過している。太陽系もそれ以来長い間宇宙を彷徨った。彷徨うのが運命だった。しかし、多分、ある日、天文学者が、ミルキーウェイ全体の恒星の年齢、化学的構成物質、そして固有運動を十分に詳細まで理解することになると考えられる。その時、太陽と共通の起源を持つ恒星と、惑星の子孫を確認できるだろう。

　なお、上記に関連した太陽系形成について、拙書『太陽系探

究』第1章「太陽系星雲の誕生」で詳しく述べているので、この話題に興味のある読者は、そちらを参照されたい。

　現在、太陽系近隣の大部分の恒星は、多分、ミルキーウェイ銀河中心から同様の距離で生まれ、同様の化学的構成物質を授けられたと考えて良いようだ。だから、太陽系近隣は、ミルキーウェイ銀河中心から約2万から3万光年の距離にある、ディスクをつくりあげた恒星の、代表的なサンプルを供給している。

　大雑把な見方をすると、太陽系近隣の大部分の恒星は、プロクシマ・セントーリのようなちっぽけな赤色矮星である。その中で突出しているのが、太陽とライジル・ケンタウルスになる。他に目立つ恒星は、光輝なAタイプ恒星シリウスとFタイプ恒星プロシオンである。太陽系近隣から12.5光年以内にある残りの恒星は、太陽光度の10万分の1から10分の4の範囲の光度で、太陽質量の100分の6から10分の7の質量である。

　太陽系から半径50光年まで広げると、約2,000個の恒星がある。この数字は、ミルキーウェイ銀河の太陽系近隣部分に存在する恒星のタイプを見るとき、十分な統計値を引き出すのに十分だろう。明らかに、光度が低く温度も低い、Mタイプ赤色矮星が優勢である。

　このような恒星数を注意深く見ると、絶対光度が5.0、あるいはその付近で急激に数が上昇する。この少しの過多は、太陽の半分の光度と約120億年の寿命を持った恒星に関係する。これは、何か意味のあることだろうか。多分、恒星形成バーストは、ミルキーウェイ銀河ディスクの初期の発展と同時に起こっ

たようだ。

　多くの赤色矮星の次に最も多いタイプは、白色矮星である。白色矮星は、シリウスのように高温だが、地球より大きくない小型サイズの、かつては太陽のようだった恒星の冷たくなった燃えカスである。これらの燃えカスが、ミルキーウェイ銀河に歴史的痕跡を残している。光度の関数として、白色矮星の数を数えることによって、天文学者は、太陽光度の10万分の1という低い光度分離を発見した。白色矮星は、よく知られた率で温度と光度を下げるので、最低光度白色矮星は、また、最も年齢が高い。観測された光度分離は、約80億歳から100億歳に対応すると考えられている。この最高年齢白色矮星が、ミルキーウェイ銀河ディスク自体の年齢に対する最低値を与える。

　なお、太陽系近隣の有名恒星と太陽系への接近恒星については、拙書『ブラックホールの実体』第2部「ブラックホール探究」第1章「恒星」の「有名な近隣恒星」と「太陽系への接近恒星」で個々の恒星について述べているので、興味のある読者は、そちらを参照されたい。


# ローカルバブル

　全ての恒星や惑星は、薄いガスと塵の広がりの中を漂流している。このいわゆる Local Interstellar Medium（LISM：局所的星間物質）が、ミルキーウェイ銀河の残りの部分と我々を繋いでいるものであって、太陽系を進化させ、変貌させ続ける巨大な銀河的生態系の一部にしている。太陽系は、現在、Local

Interstellar Cloud（LIC：局所的星間物質雲）として知られている星間物質雲の小さい部分を通過中であるので、太陽も太陽系もその中に入っている。この小さい星間空間雲は、わずか直径10光年で、太陽質量のほんの0.3倍の質量を持つだけである。

　この局所的星間物質雲は、太陽系近隣の恒星からの光に現れる吸収効果で観測することができる。これらの恒星に高解像度紫外線分光器を使うと、中性水素、中性ソディウム、イオン化されたカルシウム、そして他のイオン化されたメタルのスペクトル線上に吸収効果が現れる。なお、メタルとは天文学者がよく使う言葉で、水素とヘリウム以外の元素を指す。この局所的星間物質雲の推定温度は6,300ケルビンと太陽表面より高温であるが、それを取り囲むもっと薄いガスのバブルの温度は、それよりも遥かに低温である。数万ケルビンの温度で、いわゆる「ローカルバブル」は、全ての方向に数百光年まで広がっている。そのバブルの内部では、さらに遠方のOBタイプ恒星や白色矮星からの紫外線をイオン化された酸素が吸収するとき、その高温ガスを観測することができる。その花冠のような形状をしたガスは、X線エネルギー放射では、ほとんど探知できない。ローカルバブルと他のバブルの壁が、電波波長を隠してしまう。この電波波長が、夜空におけるシンクロトロン放射の巨大なループをつくっている。シンクロトロン放射とは、荷電粒子が光速に近い速さで磁力線の周りを円運動しているとき放射される電磁波をいう。活動銀河核やパルサーなどの天体は、この放射によって電波を発している。

　次に、このローカルバブルの3次元星図を作ることを考え

る。星雲状の放射や吸収の種々の根源までの距離を決める、標準燭光のようなものはほとんどない。そこで、天文学者は、近隣恒星までの知られた距離を使うことを考えた。１つの恒星が、その星雲状の吸収を見せなくて、その恒星よりも遠いところにある恒星が、星雲状の吸収を見せたとすると、その星雲状の吸収の根源は、この２つの恒星の間にあるとできる。このようにして、ローカルバブルの輪郭が決定できた。下記のYouTubeの動画で、その輪郭を見ることができる。

https://www.youtube.com/watch?v=qOpYYPzVOG4&t=84s

　最近の高解像度紫外線観測によると、ミルキーウェイ銀河平面と直角なローカルバブルの広がりは、その平面に沿った広がりよりも遥かに大きいことがわかった。これが正しいとすると、ローカルバブルは、銀河ハローの方向にガスを曲げていることになる。これは、ローカルバブルの凄まじい起源に矛盾しない。天文学者は、このようなサイズのバブルを膨張させ、このような高温のガスで充たすことは、過去200万年から300万年に亘る、数回の超新星爆発を必要とすると推測している。この凄まじい現象の根源は、約500光年彼方の若い大質量星の、蠍座セントールス座恒星集合体であると考えられている。だから、太陽系は、比較的最近の、恒星形成バーストの余波の残る地域を通過中であると言える。早晩、ローカルバブルは、その以前の余波の化石まで冷えて、周囲の星間空間にゆっくり分散していく。他の近隣高温恒星は、その時までに超新星爆発を起

こし、高温ガスの新しいバブルをつくり、膨張させて局所星間物質にする。その間に太陽系は、この星雲的高温ガスの部分から漂流して、銀河的生態系の平穏になったところに入って行く。

## グールドベルト

太陽付近の銀河的発泡の多くは、恒星形成活動中のグールドベルトに帰する。これを最初に記録したのは、ジョン・ハーシェルで、1800年代に彼が南アフリカに滞在していた時だった。グールドベルトは、全天を回る光輝な恒星の帯として容易に見ることができる。ベンジャミン・グールドは、大きな星図の作成者で、『アストロノミカルジャーナル』の発起人でもある。彼は、北半球と南半球両方から、この特徴の全体像を追跡した最初の天文学者だった。大きな円、あるいは光輝な恒星のゾーンが、夜空に格子を据えているようで、南十字星でミルキーウェイ銀河と交差していて、すべての季節で見られる。

その帯は、ミルキーウェイに対して約20°傾いていて、南半球では南十字座、北半球ではセフィース座付近で、ミルキーウェイ銀河平面とクロスしている。なお、セフィース座はケフェウス座と言われているが、本書の方針に従って、英語発音を重視し、セフィース座と書くことにする。その帯は、多くのよく知られたOB恒星集合体を含み、ローカルバブルをつくった超新星爆発を保有したと考えられる、蠍座セントールス座恒星集合体を含んでいる。夜空における全ての光輝な恒星の半分

近くが、グールドベルトに属している。

　ここで、その具体的な例に触れることにする。赤色超巨星アンタレス（蠍座 α 星）と蠍座を取り囲む高温青色恒星集合体、ミルキーウェイ銀河内の最も大きくて最も光輝な恒星であるガーネット星（セフィース座 μ 星）、そしてミルファク（ペルセウス座 α 星）が、グールドベルトに入っている。なお、ミルファクは、ペルセウス座内の数個の近隣 OB 恒星集合体、さらにオリオン座の青色超巨星リゲルや他の光輝な青色恒星にも繋がっている。ある天文学者が、エイリアン宇宙船によって誘拐され、ミルキーウェイ銀河の遠方の僻地に当たるところに連れて行かれたとき、地球に戻る道を探すには、まず見つけるのがグールドベルトであると書いた。

　グールドベルト内の恒星までの距離を調べたとき、グールドベルトは完全な円形ではなく、約2,400光年×約1,500光年の広がりを持つ楕円形であることがわかった。その楕円形の中心は、牡牛座の方向で、約500光年の距離にあり、だいたいプレアデス星団の位置に一致する。太陽は、グールドベルトの縁に沿って、その楕円形の中心と蠍座セントールス座 OB 恒星集合体の間の中点付近にある。光輝な恒星の散らばるグールドベルト内にも、塵の多い原子ガス雲や分子ガス雲が確認された。それは、次の世代の恒星の温床で、これらのガス雲が、太陽系近隣の未来を形作る。

　そのガス雲は、恒星グループの輪郭をつくるよりも、天体物理学的現象として、グールドベルトの存在に対する重要な証拠を提供している。その放射星雲の分光器による分析から、グー

ルドベルト内のガス雲と恒星は、密着した形で回転し膨張している天体として、全てが動いていることを確認している。その全体的なサイズと結合した推定膨張速度は、約3,000万年から6,000万年という膨張の期間を提示している。この期間は、大雑把にみるとグールドベルト内にある一番年長の恒星年齢に一致する。グールドベルトに沿ったコンパクト天体の過剰からきたガンマ線観測によって、恒星形成バーストの研究が盛んになった。ガンマ線放射のような高エネルギー放射現象は、超新星爆発が素早くスピンする中性子星のような、非常に活動的な恒星残骸を背後に残したとき起こる。グールドベルトに関係したこの種の偶然の出来事から、このような印象的な事象を生んだ、グールドベルトの起源を追究すべきである。

　幾人かの天文学者は、多数の超新星爆発が、約4,000万年前に起こったと提案し、決定的証拠となるものとして、ペルセウス座α星団を中心とするOB恒星集合体をみている。他の天文学者は、この元気の良い若い恒星団は、十分な数の超新星爆発を起こすことができなかったので、グールドベルトが、現在見せているガスの一体となった膨張と、途方もない山積みをつくれなかったと論戦している。彼らは、また、グールドベルトのミルキーウェイ銀河平面に対する奇妙な傾きにも首を捻っている。ある星団を中心とする超新星爆発は、周囲の密度が一番高いミルキーウェイ銀河平面内に、ガスの山積みを促進する可能性が高いようだ。このような理由で、他の天文学者は、ミルキーウェイ銀河ハロー内の大質量ガス雲は、太陽付近でミルキーウェイ銀河ディスクに叩きつけられたと提案した。その

衝突の角度が、直角に対して20°であるならば、その衝突が、我々が今日グールドベルトと認めている、膨張するガスと恒星の山積みになって傾いた衝撃波を生み出しただろう。また別の天文学者は、グールドベルトは、ミルキーウェイ銀河ディスク内の、渦巻きの腕の活動力の比較的身近な例を見せていて、いわゆるオリオンの腕の１つの部分に沿った、恒星形成活動の単なるブリップであると考えている。

　グールドベルトに関する起源、そしてミルキーウェイ銀河の太陽系近隣の残りの部分について、我々はさらに多くのことを学ぶ必要がある。そこで、ガイア探査機が、太陽から３万光年以内の10億個以上の恒星までの距離とそれらの動きを正確に計測した。そして、ガイア探査機は、最も正確なミルキーウェイ銀河内の恒星の3D星図を作った。ガイア探査機のミッションについては、次のサイトを調べてほしい。


　　https://www.esa.int/science/gaia

# 第2章　銀河の形状

　我々が太陽系近隣の恒星を超えて、グールドベルトの中の眩しい恒星を通過すると、ミルキーウェイ銀河ディスクが、恒星空間の塵の覆いの効果によって、見難さが増していく。この不規則な形状の塵のスクリーンが、我々が可視光でどのくらい遠くまで見ることができるかの限界に関係する。くすんだミルキーウェイから離れた方向は、視野は非常にクリアーになる。だから、我々から5万光年以上の距離にある球状星団を見ることができる。

　塵に妨害される制限にもかかわらず、ミルキーウェイ銀河ディスク内の幾つかの場所を比較的妨害なしに見ることができる。これらの窓から、天文学者は、恒星分布内の構造的特徴を見ている。最も光輝なO型恒星とB型恒星を非常に遠くに、たくさんの塵を通して見ることができる。それらは束の間の生涯で、O型恒星はわずか200万年から300万年で、B型恒星は数千万年である。このような理由から、O型恒星とB型恒星は、ミルキーウェイ銀河ディスク内において、最近の恒星形成活動とこの活動の組織化の理想的な追跡子になる。

## 構成要素

　ミルキーウェイ銀河の最も顕著な部分は、「薄いディスク」

で、およそ円形であって、塵の黒い一区画と密度の高いガスを含んでいて、肉眼でも暗い夜空ならば、はっきり見ることができる。このディスクは、銀河核の両側にそれぞれ約44,000光年広がっている。この距離を超えても広がり続けているが、恒星密度は急激に落ちて、ディスクは輝き始める。そして、ミルキーウェイ銀河のような銀河は、密度の低い恒星の「厚いディスク」を持つ。

ミルキーウェイ銀河の中央の「バー」は、銀河核の両側にそれぞれ約11,400光年広がっている。このバーは、大部分が銀河の中心を長軸の長い楕円軌道で動く恒星からできている。ミルキーウェイ銀河内の恒星形成とガスの外部境界は、銀河核から約72,000光年広がったところである。

2000年、ミルキーウェイ銀河のいわゆる「ロングバー」を発見した。このロングバーは、銀河核から両側にそれぞれ14,000光年広がっていることを発見し、2005年にGLIMPSEで確認された。

薄いディスクには、ミルキーウェイ銀河ディスク内の恒星の90％と散開星団内で生まれた若い大質量星が含まれる。薄いディスク内の大部分の物質は、約1,500光年の厚さの大皿のような部分に入っている。薄いディスクの領域の外部に幾らか散らばっている残りの恒星は、厚さ約3,000光年の物質から成る厚いディスクを形成している。厚いディスク内の恒星は、薄いディスク内の恒星より、銀河形成史の早い時期に形成された。そして、ミルキーウェイ銀河ディスク内のガスと塵は、主に薄い層内に組み込まれ、その大部分は、ディスクの中心から500

光年以内にある。

　恒星とガスは、ミルキーウェイ銀河の中心を公転していて、その重力的影響は巨大である。太陽は、約46億年前に散開星団内で誕生した。しかし、同時にその星団内で生まれた兄弟星は、その後の長い年月の間に散り散りになり、太陽は孤立した恒星として残り、太陽の兄弟星は、銀河の中心、あるいは偶然通りかかった別の恒星による重力によって、異なった軌道上に送り込まれた。太陽系は、ミルキーウェイ銀河の中心を秒速約240kmで公転している。そして、銀河中心を一公転するためには、約2億2,000万年かかる。従って、太陽は、これまでに約20回銀河の中心を回ったことになる。そのディスクの合計光度は、太陽光度の約200億倍で、その質量は、太陽質量の約600億倍である。

　ミルキーウェイ銀河は、中央の「バルジ」と「バー」を持っていて、そのバルジとバーは、約28,700光年の幅がある。さらに、銀河中央には、巨大質量ブラックホール射手座Aスターがあって、太陽質量の約400万倍の質量を保有している。バルジは、太陽光度の約50億倍の光度で、太陽質量の約200億倍の質量を保有している。金属（ヘリウムより質量の大きい元素全体）の少ない球状星団、中性水素の雲、そして大量のダークマターを含むハローは、銀河の中心から両側に3万光年を超えたところにある。ハローの中の恒星は、ミルキーウェイ銀河質量のほんの一部を占めるだけだが、それでも太陽質量の10億倍の質量である。天文学者が、ミルキーウェイ銀河内の恒星等の公転を計算したところ、ミルキーウェイ銀河質量の大部分は、

比較的恒星の少ない銀河中央から3万光年以上離れたところにあることを発見した。従って、ミルキーウェイ銀河外部ダークマターハロー内のダークマターの量は、巨大であるに違いないことがわかった。それは、ミルキーウェイ銀河全質量の約90％に当たる。

## 距離測定

　天文学者は、ミルキーウェイ銀河内のすべての恒星について、そこまでの距離、その絶対光度と表面温度、その質量、その年齢、そしてその恒星の動きである固有運動のような恒星の性質を知って、完全な目録とミルキーウェイ銀河の3D星図を作成したいと考えている。

　太陽系に近いところの恒星については、パララックスによって距離が求められる。距離がわかると見かけの光度から、絶対光度が計算できる。さらに、前述のHR図から表面温度と質量、年齢を決定できる。

　パララックスによって距離測定ができるのは、太陽から約1,000光年以内の恒星である。パララックスによって距離測定ができない遠方の恒星に対しては、次のようにしてそこまでの距離を決定する。まず、近隣の恒星と比較して、同様のスペクトルを持った恒星は、同様の性質を持っていると仮定する。つまり絶対光度が予測できる。その絶対光度と見かけの光度を比較することによって、その恒星までの距離を計算する。ヒッパルコス探査機は、年周視差を使って、1989年から1993年まで

に、約12万個の近隣恒星までの距離を非常に正確に測定した。現在活躍中のガイア探査機は、それを10億個まで伸ばす予定である。

さらに遠方の恒星に対しては、上記の距離測定方法以外に、その恒星のミルキーウェイ銀河中心を回る公転速度を使って距離を測定する。これは、ミルキーウェイ銀河内の恒星と星団の分布の星図作成に役立つ。この方法による距離測定は重要である。ミルキーウェイ銀河自体のサイズの現在最良の推定は、ミルキーウェイ銀河中心のブラックホールを公転する恒星の速度からきているからである。太陽のミルキーウェイ銀河中心ブラックホール、つまり銀河中心からの距離は、これらの動きから計算できて、約25,000光年となっている。しかし、2014年、電波望遠鏡の Very Long Baseline Array（超長基線アレイ）を使って正確に計測したところ、約27,100光年の距離と結論づけられた。

分光視差はまた重要な道具である。これは、恒星のスペクトル線の幅と深さを調べて、その恒星の絶対光度を計算する方法である。そこで得た絶対光度と見かけの光度から、その恒星までの距離が決定できる。このテクニックは、幾つかの恒星タイプにはより良い方法である。そして、それはミルキーウェイ銀河の幾つかの恒星形成史を見積もるキーになる。少なくとも、太陽近隣で判断できる。太陽近隣がミルキーウェイ銀河内において典型的であると仮定すると、ミルキーウェイ銀河は、その恒星ディスクをつくるために、年に太陽質量の３倍から５倍の質量を使って恒星を形成する。そして、そのディスクは、太陽

質量の5倍と10倍の間の質量を持った冷たいガスを含んでいる。だから、次の数十億年間この恒星形成率を保つことができる。

さらに、このタイプの計測から、ミルキーウェイ銀河の各構成要素の厚さと銀河中心を回る公転速度のデータベースが作れる。だから、天文学者は、太陽のある地域の一酸化炭素は、約400光年の厚さ、低温と温かい中性水素ガスの層は、約1,300光年の厚さ、そしてそのディスク内の恒星の層は、薄い恒星ディスクで約1,000光年、厚い恒星ディスクで約3,300光年の厚さまで広がっていると考えている。

薄いディスク内の恒星は、秒速約40kmの速度でミルキーウェイ銀河中心を公転している。一方、厚いディスク内の恒星は、秒速約65kmの速度で公転していて、ハローの中の天体は、秒速約100kmで公転している。少なくとも、それらの天体は、ミルキーウェイ銀河中心から約75,000光年の距離にある。

厚いディスクは、薄いディスクより遥かに低い密度で恒星が集まっていて、恒星、ガス、そして塵の量もわずか10％から30％である。さらに、厚いディスクは、O型、B型、あるいはA型の恒星を含まない。だから、厚いディスクは薄いディスクより古い。多分、30億年以上古いようだ。もちろん、薄いディスク内では、現在も恒星を形成している。厚いディスクは、実際、ミルキーウェイ銀河進化史の初期に存在した、先代の薄いディスクの名残であるかもしれない。

我々は、銀河は宇宙において、多くのより小さい原型銀河からの融合によって形成され、最終的に大きな銀河をつくり出す

ことを知っている。それは、ハッブル・ウルトラ・ディープ・フィールドのような画像を見れば、初期銀河の小さくてブルーの電球のような天体を見て、理解することができる。ミルキーウェイ銀河は、100個くらいの小さい銀河のようなものが、重力的に融合して、現在我々が見るような構造をつくり上げて形成されたようだ。融合が、初期の薄いディスクを動揺させ、捻じ曲げ、ミルキーウェイ銀河中心を公転する軌道上に撒き散らして、ミルキーウェイ銀河内にガスの平面をつくり、今日我々が見る薄いディスク内の恒星を形成した可能性が高い。

# 散 開星団

　薄いディスク内の太陽のような恒星は、星団、そして恒星集合体の中で誕生し、太陽は、現在グールドベルトと呼ばれる恒星集合体内にいる。なお、グールドベルトについては、第2部「ミルキーウェイ銀河内部」第1章「太陽系近隣」の「グールドベルト」を参照されたい。薄いディスクの中心から半径約1,500光年以内では、若い恒星は薄いディスクの平面内部にはなく、むしろ薄いディスクに対して約20°傾いたライン上に並んでいる。しかし、グールドベルト内の恒星は、薄いディスク内に完全にばら撒かれている。それらの恒星は、大きな規格で見ると同じ速度で同じ方向に動いていて、ムービンググループと呼ばれている。大熊座ムービンググループは、北斗七星の光輝な恒星の幾つかを含んでいる。
　恒星は星団の中で誕生し、我々は、星団内にある恒星を研

究することによって、ミルキーウェイ銀河について多くのことを学ぶことができる。牡牛座にある有名なプレアデス星団（M45）は、肉眼でも小さい柄杓に見える。これは、「セブンシスターズ」と呼ばれている。何故なら、肉眼で7個の星が見えるからである。しかし、実際は6個の星は見えるが、よほどシーイングが良くないと7個は見えない。この星団は、近隣の散開星団の一番良い例である。プレアデス星団は、実際は17等星以上の恒星を700個以上含んでいる。天文学者は、星団の構成要素について多くのことを学ぶことができる。Color Magnitude Diagram（CMD：色－等級図）は、星団メンバーの光度を$y$軸にとり、それらの恒星の色、あるいは温度を$x$軸にとった図である。種々の星団の色－等級図を比較することによって、その星団の年齢とそこまでの距離を計算できる。このような計算から、天文学者は、プレアデス星団は約400光年の距離にあり、太陽質量の800倍の質量を持ち、そして約1,600万歳であることを知った。

　散開星団を学ぶことによって、過去を探ることができる。それは、太陽近隣が、地球と他の惑星が若かったときの、40億年前はどのようであったかを学ぶことである。星団内の数百個の恒星が、重力的束縛を受けていて、それらはまた適量のガスと塵を含んでいるに違いない。しかし、そのミルキーウェイ銀河ディスク内の塵のため、この銀河内にある散開星団のほんのわずかしか見ることができない。大部分の散開星団は300万歳以下で、少ししか10億歳を越えていない。散開星団内の光の大部分は、一番光輝な恒星から来るので、1つの散開星団の統

合された光から、天文学者は年齢を計測する。時間経過とともに、星団は赤くなる。それは、恒星が死に、温度の低い恒星がたくさん残って輝くからである。

# 球状星団

　ミルキーウェイ銀河ハロー内にある、恒星から成る巨大な球形である球状星団群は、古くて赤い恒星からできている。ミルキーウェイ銀河内の最も大きい球状星団は、オメガ・セントーリで、南天で見ることができる。この星団は、100万個以上の恒星を含み、約1,500光年の彼方にあっても、夜空で月の直径より大きく見える。ミルキーウェイ銀河は、約150個の球状星団を持っている。幾つかのミルキーウェイ銀河より大きい楕円銀河は、数百万個の球状星団を含む巨大な雲のようなものを持っている。オメガ・セントーリの光度は、太陽光度の約100万倍で、幾つかの小さい球状星団と比べると印象的である。それら小さい球状星団は、太陽光度の数万倍の光度である。

　球状星団は、ミルキーウェイ銀河の古代には、実際、最も印象的だった。ミルキーウェイ銀河内の大部分の球状星団は、少なくとも数十億歳で、大部分の球状星団の色－等級図は、全く若い恒星を示していない。南天でもう1つの顕著な球状星団は、巨嘴鳥座47で、100億歳以上である。従って、幾つかの球状星団内の恒星、そして球状星団の集合体の中の恒星は、ミルキーウェイ銀河自体の骨格となるものができる前に形成された。なお、ミルキーウェイ銀河の主要な骨格が形成されたの

は、約90億年前と考えられている。

　今日では、ミルキーウェイ銀河のような銀河が形成を始める
とき、極めて高密度で高圧の条件下にあるガスが、これら恒星
の集団を形成するが、球状星団を形成するその種の条件は、銀
河進化史の初期を除いて存在しなかったと考えられている。こ
れらの極端な条件が消えると、球状星団はもはや形成されな
い。

　球状星団は非常に遠方にあるので、パララックスによってそ
こまでの距離を計測できない。そこで、天文学者は、球状星団
内の恒星の色－等級図と理論モデルを比較し、それらを調整し
て、星団内の恒星に関してベストフィットを見つけ、結果的に
距離の推定値を求める。なお、理論モデルは、恒星の進化を基
礎にしている。また、琴座 RR 星と呼ばれる脈動変光星が、そ
れらの距離を推定するために使われる。

　球状星団は、ミルキーウェイ銀河がどのように形成されたか
について、興味深い情報を提供している。恒星は、高密度のガ
ス雲から形成されるので、天文学者は、古い恒星は最も高密度
のガスがある、ミルキーウェイ銀河の中心に位置していると考
える。しかし、最も古い恒星は球状星団内にある。その球状星
団は、銀河中心から遥かに離れたところまで撒き散らされてハ
ロー内にある。これは、いったいどういうことか。

　その答えは、銀河同士がお互いに食い合って、成長したとい
う事実まで戻る必要がある。銀河中心の若いディスクでも、活
動的なベルトコンベアーの役割を果たし、古い天体は、銀河中
心に落ち込んで融合の中に入り、新しい恒星形成の波を創り出

す援助をする、あるいは、銀河外のハロー内に撒き散らされる。

　ミルキーウェイ銀河の小さい衛星銀河である Sagittarius Dwarf Spheroidal Galaxy（射手座回転楕円体矮銀河）は、現在ミルキーウェイ銀河に捕食されている真っ最中である。なお、Google 検索すると、これは、「射手座矮小楕円銀河」となっているが、Spheroidal は、「回転楕円状の」という意味がある。また、「楕円銀河」というのは銀河の分類の中にあって、もっと大きな銀河を指す。これらは非常に遠方にあるので、立体的には見えないで、楕円のように見えるだけだが、この矮銀河は、近くにあるので、立体的に見えている。従って、本書では、立体的であることを強調して「回転楕円体」とした。オメガ・セントーリは、ちょっと変わった球状星団である。ここの恒星のメタル量はちょっと異常である。メタルとは、水素とヘリウムより質量の大きい元素全体を指す。従って、天文学者は、オメガ・セントーリは、ミルキーウェイ銀河が捕食した矮銀河の名残ではないかと推測している。向こう50億年内に、大小マゼラン雲も射手座回転楕円体矮銀河の運命を辿って、ミルキーウェイ銀河の平面に落ち込んで行くと考えられている。

　球状星団は、ミルキーウェイ銀河のいわゆるメタルの少ないハローの主要構成員である。しかし、そのハローはまた、100倍以上メタルの少ない個々の恒星を含んでいて、それらの恒星は、球状星団の外部にあって、奇妙な非常に長軸の長い楕円軌道で銀河中心を公転している。ミルキーウェイ銀河内の太陽系近隣では、恒星数の約1％がメタルの少ない恒星であって、そ

れらの恒星が時々、太陽系の側を奇妙な軌道で通過するが、再び、遠くに行ってしまう。ディスク内の普通の恒星とは違って、これらの恒星は、太陽より公転速度が速い。拙書『ブラックホールの実体』第3部「銀河とブラックホール」第2章「射手座Aスター」「一番速く移動する恒星：S5-HVS1」が、このような恒星の例であると考えられている。

　なお、球状星団については、第5章「球状星団」で再度考察する。


## バルジ

　ミルキーウェイ銀河中心に向かって凝視するとき、天文学者は、いつもディスク内の膨大な量の塵に悩まされてきた。そこで、赤外線天文学が、ミルキーウェイ銀河のバルジと中心を探究する鍵になった。何故ならば、赤外線を使うと、塵の雲を貫通してその先を見ることができるからである。このような方法で、ミルキーウェイ銀河の平らな中央バルジは、銀河中央から来る光の約20%を占めていることがわかった。そのバルジは、ピーナッツ形状で、その大部分の光は、内部の3,000光年以内に集中している。そのピーナッツ形状は、銀河の中心のバーに由来する。そのバーは、中心から約14,000光年に亘って広がっている。

　しばらくの間、天文学者は、そのバルジは単に銀河中心の光輪の密度の増加する部分であるかどうかを考えた。その結果、そのバルジは実際に存在して、独自の物理的構造物であること

がわかった。ミルキーウェイ銀河バルジ内の恒星は、ディスクの中の恒星と同じ方向に銀河中心を公転している。銀河中心に近い地域は、極めて高密度のガスと若い恒星でパックされている。射手座B2のような巨大な星団が、ミルキーウェイ銀河中心から約450光年離れたところにあり、凄まじい速さで恒星形成をしている。ミルキーウェイ銀河中心から約100光年から150光年のところでは、アーチ星団や五重星団が、各々、太陽より100万倍光輝に輝いている。ミルキーウェイ銀河中心に非常に近いところでは、天文学者は、ミルキーウェイ銀河核内の巨大で高温、かつ高密度の分子雲や恒星を発見している。

## 銀河の中心部

　我々は、ミルキーウェイ銀河中心を可視光波長で見ることはできない。ミルキーウェイ銀河中心と、そこから約27,000光年の距離にある太陽系の間には、あまりにも多くの物質が存在する。しかし、赤外線で観測すると、恒星でできた銀河核は、だいたい巨大な球状星団のように見える。それは、銀河中心から直径1.3光年以内の距離にあって、太陽質量の約3,000万倍の質量を保有している。ミルキーウェイ銀河のこの最も密度の高い地域で、過去700万年内に、約30個の大質量星が形成された。

　このような大質量で若い恒星は、ミルキーウェイ銀河中心の電波源の0.1光年以内にある。内部銀河の電波波長による星図から、銀河平面の上下に数十光年の長さのフィラメントがあることがわかった。

これらのフィラメントは、ちょうど太陽のコロナの弧のように、多分、磁気化されていると考えられる。そして、銀河中心の環境内で、高圧、高密度、そして磁場という極限状態を示している。幾つかは、射手座Aスターと呼ばれているミルキーウェイ銀河中心のブラックホールに含まれているかもしれない。射手座Aスターの質量は、太陽質量の約400万倍である。異常なほど高密度が計算されるので、天文学者が、ブラックホールであると考えるこのコンパクトな天体は、多分、ほんの直径約2,000万kmと計測されている。だから、銀河の中心を太陽の位置にもってくると、このブラックホールは水星軌道内に入る。このブラックホールのエネルギー産出量は、太陽の数万倍であるが、巨大な活動銀河中心の巨大ブラックホールと比較すると、遥かに低いエネルギー産出量である。

## 星 間空間

ミルキーウェイ銀河の恒星間は、星間ガスが充満している。銀河内のガスは、銀河内の全恒星質量の単に10%を占めるだけであるが、そのガスの構成要素は、ミルキーウェイ銀河がどのように機能しているかに重要な役割を果たしている。ガスの存在から、恒星は活発に形成され、ミルキーウェイ銀河を、バーを持った渦巻銀河に分類できる。このガスがないと、渦巻きの腕を持たないレンズ状銀河になっていただろう。重力の影響で、この星間空間ガスは、最終的に新しい恒星にリサイクルされる。何故ならば、古い恒星は、ゆっくりガスを星間物質に

返却しているからである。

　巨大分子雲と呼ばれるミルキーウェイ銀河内のガスの最も高密度の部分は、渦巻きの腕に沿ったところで、60光年に亘って伸びていて、太陽質量の数十万倍の質量を持つ物質を含んでいる。これらの雲は、普通、もっと密度の低い、低温の水素原子に囲まれている。このガスが、いつも適度な状態、温度、そして密度で混合される。現在、太陽は温かいガス雲の中を通過中である。そのガスの約50％はイオン化されていて3光年幅である。この雲は、膨張するいわゆるローカルバブル内にあって、ローカルバブルは約300光年幅を持っている。なお、ローカルバブルについて詳しくは、第2部「ミルキーウェイ銀河内部」第1章「太陽系近隣」「ローカルバブル」を参照されたい。

　ミルキーウェイ銀河内にあるガスの層は、また磁力によって活動する。超新星爆発からガス雲ができたとき、衝撃波が陽子と他の粒子を極端な速度まで加速して宇宙線を作る。これらの宇宙線のいくつかは、ほとんど絶えず地球上に衝突してきている。恒星のように、ガスの分子雲は、普通は非常に遅い速度であるけれど、銀河の中心を公転している。それらは、あらゆる種類の軌道をとっている。


## バーを持った渦巻銀河

　我々は、ミルキーウェイ銀河が、今まで考察してきたように、多様な物質を含んでいることがわかった。そこで、天文学者が、どのようにして、ミルキーウェイ銀河の形状と構造を最

近再評価したか。つまり、どのようにしてミルキーウェイ銀河が「バーを持った渦巻銀河」であると決定したのかを辿ってみよう。

　数十年間、天文学者は、ミルキーウェイ銀河はアンドロメダ銀河と同様に、単なる渦巻銀河と考えていた。なお、その後の機器の改良から、現在アンドロメダ銀河もバーを持っていることがわかった。アンドロメダ銀河と比べると、スケールが少々小さいけれど。ミルキーウェイ銀河をもっと細かいところまで正確に見るためには、電磁波スペクトルにおいて、種々の波長で観測する必要があった。

　ミルキーウェイ銀河の渦巻構造に対する最初の兆候発見は、1951年まで遡る。それは、ヤーキス天文台のアメリカ人天文学者ウィリアム W. モーガンが、HII 地域の最初の星図と、太陽近隣の O 型恒星と B 型恒星を発表した時だった。これらは、最も近くにある渦巻きの腕の一部分を示しているようだった。しかし、ミルキーウェイ銀河の内部にいる我々の視野から見ると、可視光波長では、塵によって不明確であるので、ミルキーウェイ銀河の星図作成には、水素ガス雲によって放射される21 cm 電波を使う必要があった。

　これらのガス雲のドップラーシフトを計測することによって、天文学者は、全てではないが、多くのガス雲帯を確認できた。彼らは、そのガス雲帯をミルキーウェイ銀河の渦巻きの腕と理解した。これが、1952年に始まった長期間の予測で、オランダ人天文学者ヤン H. オールトが中心になった。しかし、ドップラーシフトを距離に換算する困難から、天文学者は、ミ

ルキーウェイ銀河のガスの信頼できる星図がなかなかできなかった。そして、1960年代初期までに、このテクニックが消滅したようだ。

　1990年代初期までに、天文学者は、ミルキーウェイ銀河に顕著なバーを発見した。それは、ミルキーウェイ銀河中心を突き通る恒星の対角線状の帯だった。ミルキーウェイ銀河ガスの流れの特性から、幾人かの天文学者は、このようなバーが存在するかもしれないと確信した。しかし、COBE-DIRBE 機器からの低解像度赤外線画像によって、ミルキーウェイ銀河中心で上下に伸びたバーを見つけた。COBE-DIRBE は、Diffuse Infrared Background Experiment（DIRBE：分散した赤外線背景放射測定）が、赤外線探査を行う COBE 探査機と共に実施した測定であった。赤外線は、塵を他の波長より貫通しやすいので、天文学者は、そのバー内の星は識別できなかったが、初めてそのバーを直接見ることができた。

# GLIMPSE

　GLIMPSE は、スピッツァー・プロジェクトの1つで、Galactic Legacy Infrared Mid-Plane Survey Extraordinaire（GLIMPSE：銀河継続赤外線中央平面特別探査）と呼ばれていて、スピッツァー宇宙望遠鏡を使って、2億2,000万個以上の恒星と、大部分のミルキーウェイ銀河ガス雲を探査した。そして、ミルキーウェイ銀河構造の新しい見地を生んだ。GLIMPSE は、恒星と赤外線で光輝な恒星形成領域の分布を詳しく調査した。そして、ミ

ルキーウェイ銀河内部、そのガス雲の環、それらの数と場所と渦巻きの腕、そしてミルキーウェイ銀河の中央のバーを結合した星図を作った。

　GLIMPSE 関係科学者チームは、スピッツァー宇宙望遠鏡の赤外線カメラを使って、ミルキーウェイ銀河平面の上下１°に亘る膨大な地域を探査した。当初カタログ化された恒星の90％以上が赤色巨星で、それらは光輝であるので、非常に遠い距離からでも見えた。中赤外線探査は完全ではなかった。塵が依然として遠いところの天体をブロックしていた。しかし、GLIMPSE 関係科学者チームは、十分なデータを記録して、ミルキーウェイ銀河の非常に改善された星図を作成することができた。

　その科学者チームは、ミルキーウェイ銀河中心から同じ角度にある恒星を数えることによって、中央の「バー」の存在を確認した。そのバーは、赤色巨星集団として知られている大きな恒星集団を含んでいて、赤色巨星集団は、一定の光度で輝いていて、そのバーの長さと向きを計測する標準燭光として使うことができた。そして、そのバーは、大部分の天文学者が以前に考えていたよりも、遥かに大きな半径で広がっていることがわかった。

　さらに、ミルキーウェイ銀河の渦巻きの腕の詳細な構図をつくることができた。恒星を数えることによって、彼らは、２つの渦巻きの腕の視線に沿って、巨大な数の恒星が考えられる２つの接近した地域の調査ができた。その渦巻きの腕の１つが盾座、あるいは盾座南十字座、あるいは盾座セントールス座の腕

で、可視光波長と電波波長による探査で予測されたように、素晴らしい恒星の輝きを見せている。しかし、もう１つの恒星の豊富な地域は、射手座、あるいは射手座竜骨座の腕で、彼らの恒星調査では、強い恒星の輝きは見せなかった。射手座の腕内の普通でない恒星形成史は、間違いなくこれからの研究課題になるだろう。

　しかしながら、その科学者チームによる探究から、ミルキーウェイ銀河は、間違いなくバーを持った渦巻銀河で、正確にSBc バー渦巻銀河として分類されている。ミルキーウェイ銀河のバーの端に端を発しているのは、いくつかの顕著な渦巻きの腕である。そこには、ペルセウス座の腕が含まれ、これはミルキーウェイ銀河の２つの主要な渦巻きの腕の１つであって、太陽から約6,400光年のところにある。ペルセウス座の腕に関係するのが、ニア３kpc とファー３kpc の腕で、これらは小さい付属の腕である。盾座の腕は、もう１つの主要な渦巻きの腕で、バーのもう１つの終点からペルセウスの腕に伸びている。ペルセウスの腕と盾座の腕は、ミルキーウェイ銀河の主要な腕であると考えられている。それらはたくさんのガスとともに、膨大な数の古い恒星を含んでいる。

　そのバーの終点付近を起点とする定規座の腕と外腕があるが、薄ら伸びている。竜骨座射手座の腕は、また、いくぶん小さい腕である。もう１つの小さい腕、あるいはスパーがオリオン座の腕で、ここに太陽と地球が含まれている。オリオン座の腕は、約3,500光年の幅を持っていて、長さは約10,000光年である。オリオン座の腕は、竜骨座射手座の腕とペルセウス座の

腕の間にある。従って、我々の視点からだと、ミルキーウェイ銀河中心に向かって見たとき、竜骨座と射手座の中に見え、銀河の中心から離れた方向を見たとき、それらは、ペルセウス座とその周囲に見える。

　2013年、天文学者は、オリオン座の腕の実体の詳細を発表した。これは、小型のスパーと考えられていたが、実際はもっと大きくて、オリオン座の腕は重要な構造の、格上げされたものであると考えるべきだと結論付けられた。そして、水とメタノール分子の調査から、オリオン座の腕の中の天体までの、さらに正確な距離を求めることができた。

# 第3章　オリオン星雲

## 関係神話

　ギリシャ神話は、オリオンに多くの逸話を与えている。1つの神話は、オリオンが、あまりにも傲慢であるので、その罰として神がオリオンを夜空に置いたという。別の神話は、オリオンが、美しい女神ディアナと恋仲になり、ディアナの兄アポロが立腹してトリックを使い、ディアナの放った矢の1つでオリオンを殺したという。

　別の神話は、オリオンが、地球上の全ての生き物を殺すと言って脅したので、これを避けるために、地球の女神ガイアが蠍を送って、オリオンの踵を刺して殺したという。ガイアはその行為を悔やんで、夜空の蠍座とは逆の位置にオリオン座を置いた。だから、オリオンは決してその苦痛を受けなくなった。どのような星図もこの配置である。

　古代エジプト人は、オリオンを神オシリスと見た。オシリスはイシスの夫である。セスは、古いライバルとして彼の弟オシリスを殺した。それが完全になされたことを確かめるために、セスは、オシリスを14個の断片にしてエジプト中にばらまいた。

　イシスは、1つの断片を除いて全てを回収して、オリオン座として夜空にオシリスを置いた。それで誰もが見ることができ

た。オシリスはキリスト教前の、死と復活のシンボルになった。何故ならば、作物の種が蒔かれたとき、オリオン座は西に沈み、作物の収穫のとき、東の空に上がるからである。

ギリシャ人もオリオン座の自然の計時を強調する、同じような物語を持っている。詩人アラタスは「The Sword in the Stone（石の中の剣）」の中で使っている。将来のアーサー王であるワートが、城の窓からオリオン座を眺め、春がすぐに来ることを希望した。多分、ワートはその光る剣を見て、エクスキャリバーを考えた。

ギリシャ文明とローマ時代が最終的に崩壊したとき、力を得たイスラムのパワーが砂漠から起こった。イスラムの学者は、ギリシャ文献を収集して、アラビア語に翻訳した。これが古代の文学と科学を保存した。


## 位置

オリオン星雲（M42）にそのような名前がついたのは、冬の夜空に大きく輝くオリオン座の中にあるからだ。その星雲を見つけるためには、彼の剣が下がっているオリオンのベルトの下を見ると良い。肉眼で見るとぼんやりと中央の星が見える。しかし、双眼鏡を使うと、さらにぼんやりしているのが見える。望遠鏡を通すと、それは忘れられない天体になる。そこに天体の展示物的恒星の揺りかごがある。数百年間の観測の後も多くの発見がある。

ミルキーウェイ銀河におけるオリオン星雲の位置はよく知ら

れている。上からミルキーウェイ銀河を見ると、4つの渦巻き
の腕を持った風車のように見える。ミルキーウェイ銀河は、数
千億の恒星と大質量のガスと塵を含んでいる。太陽系はオリオ
ン座の腕の中にあって、その腕は、ペルセウス座の腕と射手座
の腕の間にあり、銀河の中心からこの2つの腕までのだいたい
中間点にある。

　地球から見ると全く異なっている。北半球の晴天の夏の夜、
ミルキーウェイ銀河は、北東のカシオペア座から南の蠍座に延
びている。この視点からは、我々は銀河の縁に沿って見ている
ことになる。蠍座に向かってミルキーウェイ銀河の中央部分が
ある。輝く恒星の多い場所を見るよりも、我々の視界は、巨大
な塵とガスの雲によって妨げられている。

　冬、我々は、銀河の中心に向かって見える恒星の密集地とは
反対側の夜空を見ている。冬のミルキーウェイ銀河がそこにあ
るが、それを肉眼で見るには本当に暗い夜空が必要になる。冬
の夜空は季節的にみると最も光輝である。それは、光輝な恒星
の高い密度があって、その中で、最も有名な代表星座は、オリ
オン座である。

　冬は、背後の夜空は夏より光度が低いけれど、この地域は、
依然として多くの塵とガスを含んでいて、銀河全体を効果的
にしている。実際、オリオン星雲は、氷山の一角を示してい
る。オリオン星雲は、オリオン分子雲（OMC）と呼ばれる巨
大な広がりの小さい部分である。実際、この広がりはOMC-1
とOMC-2に分割される。OMC-1はトラペジウムのほんの1′
北西にあって、すべての見える星雲を含んでいる。トラペジウ

ムは、新しく形成された恒星の小さい星団で、オリオン星雲の中心部分にある。OMC-2は、赤外線と分子発光源で、トラペジウムの北東約12′のところにその中心がある。オリオン分子星雲は、大きな恒星形成地域で、オリオン座全体と他を含んでいる。

## 初めて見た人

　最初に望遠鏡でオリオン星雲を確認したのは、イタリア人天文学者ニコラス・ペイレスクであった。彼は1610年にオリオン星雲についてのノートを作った。しかし、その後何年も公表せず、ユダヤ人聖職者ヨハン・バプティスト・シサットが、1618年にそのぼんやりした模様を再発見した。

　科学者の最も信用を得たのは、オランダ人天文学者クリスティアン・ヒュイゲンスだった。ヒュイゲンスの業績リストは驚くべきものがあった。彼は振り子時計を開発し、機械時計のはずみ車を発明し、光の波動理論を公式化した。

　ヒュイゲンスは、また、熱心な観測者でもあり、数台の長い焦点距離の屈折望遠鏡を建造して使用した。1659年の彼の著書 Systema Saturnium 『土星の組織』において、彼は土星の環の性質を正確に把握し、オリオン星雲の最初のスケッチを公表した。

　18世紀の終わりに、英国人天文学者ウィリアム・ハーシェルが、自分で建造した最初の望遠鏡の1つを宇宙の不思議に向けた。ハーシェルは、引き続き大きな望遠鏡を造り続けた。48

インチ（121.92 cm）ミラーを持ったものがピークだった。この機器は、天体の明るい詳細を見るには良かったが、操作が大変だった。オリオン星雲は、彼が不恰好な人になって辞める前に、この望遠鏡で見た。

　フランス人彗星ハンターシャルル・メシエは、オリオン星雲を星図上に表した一人だった。1758年、メシエは、よく知られたものをカニ星雲として確認した。そして、現在、有名な深淵の宇宙の天体カタログにおいて、カニ星雲を M1 とした。1769年までに、メシエは、出版したかった41個の天体のリストを作った。

　そのプロジェクトを終わらせるために、メシエは、さらに4個の天体を追加した。それらは、オリオン星雲（M42）、オリオン星雲の分裂パート（M43）、ビーハイブ散開星団（M44）、そしてプレアデス星団（M45）であった。メシエのリストは、最終的に合計109天体になったが、M42のように観測者に興味を持たれたことは、ほとんどない。

## ガリレオとの関係

　非常に多くの望遠鏡による発見を行ったガリレオが、オリオン座の中のこの大きな星雲を何故記録しなかったか。海王星のような光度の低い外部惑星を、何故見過ごしたのかは理解できるが、肉眼でも見えるぼんやりした部分を、どうしてミスしたかは理解できない。

　いつものように、それは最初にちょっと見ただけよりも、は

るかに複雑である。アリゾナ州ツーソンにあるフランドラウプ
ラネタリウムは、何年もの間、ガリレオの望遠鏡の1つの正確
なレプリカを展示していた。この初歩的な機器を通して見る
と、この発見が、いかに画期的であるかがわかるだろう。な
お、訪問者は、その望遠鏡を使うことができる。

　ガリレオは、ベニスに住んでいるとき、最初の望遠鏡を作っ
た。ガラスレンズの像は、試行とエラーによってなされた。そ
して、ガラスは泡でいっぱいだった。多分、ガリレオは、オリ
オン座の剣の地域のぼんやりしたものは、その天体の真の性質
よりも、機器に影響されると考えたようだ。


## 観測

　今日、ちょうどウィリアム・ハーシェルの時代と同じよう
に、新しい望遠鏡を手に入れることは、オリオン星雲を見るこ
とを意味する。それは、我々が他の深淵の宇宙の天体と比較で
きるものに対する基準になる。

　19世紀天文普及家ギャレット P. サーヴィスが、シータ C オ
リオニスである、その剣の中央の恒星は、小さい望遠鏡で見て
も、有名なトラペジウムに分解すると記述した。彼は、それを
オリオン星雲の黒いギャップ内の、不規則な正方形の輝きと描
写した。

　肉眼では、トラペジウムは1つの星に見える。倍率の低い望
遠鏡で見ると、その「星」は4つに分かれている。西から東へ
A, B, C, D という認識番号が付いて、C（シータ C オリオニス）

が一番光輝である。高倍率の大きな望遠鏡を使うと、さらに
2つEとFがわかる。さらに大きな望遠鏡だとGとHが見え
る。Hは二重星をつくっている。

　英国人観測家ウィリアム・ヘンリー・スミスは、彼の有名な
*A Cycle of Celestial Objects*『天体のサイクル』（1844）の中で、
魚の頭のように、トラペジウムを取り囲むとその星雲を称し
た。他の初期の観測者もまた、この水についての同様性を記述
した。ジョン・ハーシェルは、ウィリアム・ハーシェルの息子
であるが、その星雲を凝結した液体、あるいは羊の群がる牧場
と比較した。

　高解像度ハッブル宇宙望遠鏡が撮影したもの、あるいはアマ
チュア天文学者に撮られた写真でも、その星雲内の色を見るの
は難しい。望遠鏡で見ると、幾人かの観測者は、恒星に囲まれ
た雲の中にグリーン、あるいは紫の色を報告した。

　写真が出る前は、オリオン星雲の像を捉えることは、鋭い眼
と技巧的な手を持った、熟練した観測者に依存していた。オラ
ンダ人天文学者クリスティアン・ヒュイゲンスの初期のスケッ
チは、くぼみと3つの星のある単なるシミを示している。フラ
ンス人彗星ハンターであったシャルル・メシエは、綿密で、そ
の星雲によって残された視覚的印象を示している。

　写真が、1830年代に始まったが、まだ煩わしかった。オリ
オン星雲の最初の写真以前、アメリカ人天文学者ジョージ・
フィリップス・ボンドが、最も美しく詳細を描写したとランク
されている、オリオン星雲のスケッチを行った。ボンドは、南
北戦争時代ハーバードカレッジ天文台長だった。そして、この

詳細な画像を撮るために、長い間15インチ（38.1cm）屈折望遠鏡を使って、オリオン星雲の観測を行った。そのオリジナルのスケッチは、今もハーバード大学に飾られている。

　アメリカ人天文学者ヘンリー・ドレイパーは、1880年9月30日、オリオン星雲の最初の写真を撮った。ドレイパーは、3重対物レンズを持った11インチ（27.94cm）アルヴァン・クラーク屈折望遠鏡を使った。彼はまた、新しいドライプレート写真技術を使って、写真を撮った。その露出は50分間続いた。1880年のその夜以来、天文学者は、すべてのサイズの望遠鏡と、すべての電磁気スペクトルの可能なバンドを使って、オリオン星雲の詳細を調査した。


## 内部の動揺

　オリオン星雲は、約1,350光年の距離にあり、10光年以上の幅を持っている。しかし、それは巨大分子雲の小さい部分でしかない。その巨大分子雲は、低温の水素と塵粒子の混合物を含んでいる。何故、ミルキーウェイ銀河平面から400光年以上のところに、太陽質量の数百万倍の質量を持つ巨大分子雲が存在するのかという謎は、まだ解明されていない。

　オリオン星雲は、また、大質量星が形成される、地球から一番近い天体としてランクされている。しかし、その大質量星は、限られた条件のもとで形成される。そして、オリオン星雲は、種々の恒星を形成するいわば「星の揺り籠」である。また、分子雲の密度が高ければ高いほど、恒星形成は頻繁にな

る。

　オリオン星雲と呼ばれているものは、上記の巨大分子雲の中で、数千個の恒星が形成された後に残った、ガスと塵の光っている部分である。一度、その巨大分子雲の中に大質量星が形成されると、大量の紫外線を放射する。周りにある原子が、恒星から出る強力な光子を吸収する。すると、周りにある原子を回る電子のいくつかを遊離させる。このプロセスを「イオン化」といい、イオンと呼ばれる荷電原子になる。

　そのイオンからの発光が見られる。それは、次の2つのプロセスのいずれかで起こる現象である。1つのプロセス「再結合」はごく単純で、遊離した電子が原子と再結合し発光する。その光のスペクトルを天文学者は「輝線」と呼ぶ。2つ目のプロセス「イオンの励起」には、2つの段階がある。第1段階では、イオンが遊離した電子との衝突によって生じたエネルギーを吸収する。しかしながら、すぐに、そのイオンは、光として電子からとったエネルギーを放出して発光する。

　上記のようなプロセスが、オリオン星雲内で起こっている。しかし、我々は、高温大質量星から放射された膨大な量の高エネルギー光子（ほとんどが紫外線）を見ることはない。何故なら、宇宙空間に浮遊する星間ガスが、それらを吸収するからである。また、地球の大気を通過しない。さらに、我々の目は、それを捉えるほど敏感ではない。しかし、再結合あるいはイオンの励起という、前述の2つのプロセスのいずれかによるイオン化は、非常に有効で、ほとんどの恒星の光子を輝線に変える。その輝線は、大気を通過するので観測可能である。

これらの輝線は、放射するガス、その速度、温度、密度、化学的構成物について豊富な情報を含んでいる。その輝線を調べることによって、絶対温度約9,000°で、そのガスが発光することがわかった。加えて、オリオン星雲の密度の高い部分は、1 cm³当たり、約10,000個の原子をもっていることも知った。そして、太陽と比べて、比較的多くの質量の大きい元素（水素やヘリウムではない）が豊富であることもわかった。


## 構造

　高温のイオン化したガスは、その巨大分子雲よりはるかに大きい圧力をもっていて、その巨大分子雲から突き放される。その結果、オリオン星雲の中の恒星は、近くの避難空洞の中へ入る。その避難空洞の地球に向かっているサイドは、ほとんど開いている。一方、反対側には、分子雲の表面にあるイオン化された「ガスの膨れ」がある。

　だんだん大きくなる膨れの背後に、電波、あるいは赤外線望遠鏡でのみ見ることができる、圧縮されたガスと塵の領域がある。電波、あるいは赤外線望遠鏡は、分子雲からの輝線と塵からの熱を探知する。天文学者はこの地域を Photon Dominated Region（PDR：光子の充満した領域）と呼んでいる。

　PDR は、効果的な分散反射物で、分子雲の白い表面のようである。さらに、PDR は、その恒星の光の重要な部分と、地球から遠ざかる方向へ行く放射を、地球とは逆方向へ撒き散らす。オリオン星雲は、北半球の中緯度から見られる一番輝いて

いる発光星雲であるだけでなく、一番輝いている反射星雲でもある。

　残った前面にある物質は、「ベール」として知られている。その一部は透けて見える。一方、厚い雲で覆われた部分は「ダークベイ」と言われる部分を形成している。これは、トラペジウム星団の中の明るい4つの恒星に向かって、指を差しているように見える。

　トラペジウムの中と近隣の恒星は若い。わずか30万歳くらいの可能性がある。シータCオリオニスは、太陽の40倍の質量を持ち、表面温度は40,000ケルビンに達している。そのサイズと質量から、シータCオリオニスは、巨大な量の紫外線放射を行っている。それが近隣のガス雲が蛍光を発するようにしている。シータCオリオニスは、太陽より21万倍光輝である。そしてそれは、時速920万kmの恒星風を吹かせている。この想像を絶する恒星風が、惑星形成塵粒子を周囲の恒星から吹き飛ばしている。その結果、惑星形成を不可能にしている。

　オリオン星雲の内部の状態は信じられない状態である。セバスチャン・ユンガーの『パーフェクトストーム』の中で、2つの大質量大気の前面が、大西洋上で衝突して巨大波を発生させる話がある。パーフェクトストームの宇宙編が、オリオン星雲で起こっている。塵とガスのディスクが、恒星風を吹かせる小さい質量の恒星を取り囲んでいる。シータCオリオニスの超音速の恒星風が、その恒星たちの恒星風と衝突して、完全な宇宙嵐を起こしている。この嵐は、その大質量恒星が、エネルギーを生成し続ける限り続くだろう。もし、我々が数百万年時

間を進ませることができたとすると、シータＣオリオニスが超新星爆発を起こして、自分自身を消し去るのを見るだろう。

　この複雑な地域の物理的性質について、我々がどのくらい多くのことを知っていようと問題なく、オリオン星雲は初めて見たとき、あるいは時間が経ってから見たとき、決して失望しない。初めてオリオン座を見せられたとき、子供は、この星座の形状を蝶ネクタイ、砂時計、あるいは蝶と関係付ける。蝶と見たとき、オリオン星雲は、羽の上のカラフルな場所の１つになる。

　しかし、あなたがこの巨大な星座を見るとき、想像を超えた不思議さでいっぱいになるだろう。オリオン星雲（M42）の近隣、そしてその上にM43がある。M43の上にランニングマン星雲（NGC 1973-5-7）がある。さらに、オリオン星雲と周囲の地域の複雑さは、ミルキーウェイ銀河の美しさと、ドラマのヒントになる。

# 第4章　暗黒星雲

　夜空の長期に亘る観測は、それほどエキサイティングではないが、それらは、無数の魅力的な結果を生み出す。だから、天文学者が依存する、最も基本的ではあるが、価値あるデータの幾つかは、正確な測定天文学、あるいは星の位置と動きの測定である。1990年代、それはティコ、あるいはティコ２カタログの形になった。それらはESAのヒッパルコス探査機によってなされた観測を編纂したものだった。しかし、ヒッパルコス探査機は、よくその役割を果たしたが、ESAは、現在、未曾有の測定天文学を行うもっとモダンで優れた探査機を持っている。それはガイア探査機である。

　ヒッパルコス探査機は、夜空で約11.5等星まで下がった、光輝な星250万個を詳細に記録した。しかし、ガイア探査機の測定天文学的データベースは、20等星まで下がる10億個以上の天体を含む予定である。背景として、このような等級の星まで広げられると、ガイア探査機は、また、自然に驚くほど容易に出現する、別のタイプの天体を明らかにできる。その天体が暗黒星雲である。100年以上前、創成期の天体写真家で天文学者でもあったエドワード・エマーソン・バーナードが、光輝な星を画像に撮って、暗黒星雲という見かけは陰湿な宇宙を強調した。現在、ガイア探査機は同じ技術を使って、これらの影のような形状を捉えている。そして、ガイア探査機は、その枠組み

をミルキーウェイ銀河全体に広げた。


## バーナード暗黒星雲

　冬の代表的星座であるオリオン座の右上に牡牛座がある。この牡牛座内に壮大な暗黒星雲を確認することができる。これら個々の暗黒星雲の多くは、バーナードが発見したものである。それらは、1919年にバーナードによって初めて編纂された"Barnard Catalogue of Dark Markings in the Sky「夜空における黒いマーキングのバーナードカタログ」"の中にまずリストアップされた。暗い夜空の下ならば、どのような望遠鏡を使っても、個々のバーナード暗黒星雲を見つけることができる。その望遠鏡は、これらの星雲のような幽霊の端に、部分的に覆い隠された星を明らかにするだろう。バーナード7から24とバーナード209から220を包囲するグループ内に、それらは観測される。なお、後半のグループは、バーナードの死後に公表された、そのカタログの1927年版に、当初リストアップされた。またバーナード1から5を含むグループを探すと、それらはペルセウス座内の牡牛座の外にあるもので、荘厳で光輝な星雲 NGC 1333 と夜空を共有している。

　なお、バーナード暗黒星雲については、次のサイトにあるので参考にしてもらいたい。


　　https://ja.wikipedia.org/wiki/ 暗黒星雲の一覧

この中で、バーナード33が有名な「馬頭星雲」である。冬の星座であるオリオン座内にあるが、望遠鏡で見ても、この写真のようには見えないようだ。これは、写真に撮ったときだけ、「馬の首」がはっきり見える。

## リンヅ暗黒星雲

ペルセウス座とカシオペア座の間、そして人気のある二重星団の北を辿ると、有名なハート星雲（IC 1805）とソウル星雲（IC 1848）のような天体を含む地域に入る。ここで初めてリンヅ暗黒星雲に出会う。アメリカ人天文学者ベヴァリー・リンヅは、実際、彼女の "Catalogue of Dark Nebulae「暗黒星雲のカタログ」" の中に、暗黒星雲の2つのリストを作った。彼女の最初のリストは、単純に個々の暗黒星雲を編纂した。例えば、LDN 1350という認識番号の前に、接頭辞 LDN を付けて固定した。彼女の2番目のリストは、彼女の当初のリストからの個々のメンバーでつくられた、さらに大きなグループに絞った。彼女は、それらのグループ内の暗黒星雲は、重力的に結合していると考えた。個々の、これらよりさらに大きなグループは、ID 番号で固定した。だから接頭辞 Lynds とシンボル（#）の使用で、これらの中で個々の暗黒星雲から、それらは識別できるだろう。例えば、ターゲットに対する暗黒星雲の最初のグループは、Lynds#393である。他のものの中には、LDN 1350やLDN 1367が含まれる。

リンヅの2番目のリストは、目で見る観測者には少し難解で

ある。何故ならば、これらの大きな天体は、極めて暗い夜空で、超広角でないと確認が難しいからである。これらのグループの暗黒星雲を見るためには、観測者はただ肉眼で見るか、あるいは超広角にできる光学的機器を使うかである。何れにせよ、そのキーとなるのは、夜空の大きなエリアを見て、これら巨大な暗黒星雲の輪郭を描く光度の低い星を見つけることだ。Lynds#393を確認した後、NGC 609に動き、vdB 7、vdB 8、そしてvdB 9のような天体を通過して、カシオペア50と反射星雲GN 02.23.6までいく。するとLynds#283に到達する。これは、LDN 1328、LDN 1336、そしてLDN 1349から成る暗黒星雲のグループである。

　カシオペア座Ψ星と43星の近くを見ると、広大なLynds#399の東の端を見つけることができる。この大きく広がった塵のレーンは、19個のリンズ暗黒星雲を含み、カシオペア座を通過して北西に延びvdB 3を含む。そこで境界を横切ってセフィース座に入り、星団NGC 7708まで延びている。同様の影のような天体は、ロールシャハを偲ばせるLynds#352である。これは、セフィース座星雲の東側から星団NGC 8281まで広がっている。このインクのような黒い空虚は、ちょうど2つのメンバーLDN 1217とLDN 1219を持つ。

　セフィース座星雲の西側をヒョイと跳ぶとLynds#346に出会う。これはLDN 1289とLDN 1292でできている。しかし、この天体に行き着くためには、ミルキーウェイ銀河のグレートリフトの北端の、白鳥座まで下がって始めることになる。北に向かってデネブを跳び超えると、古い暗黒天体レ・ジェンティル

を見つけられる。これは LND 988 のような多くのリンヅ暗黒星雲を含んでいる。次に、ミルキーウェイ銀河の西端を見ると Lynds#339 が見つかる。これは、白鳥座からセフィース座に広がっていて、7 個のリンヅ暗黒星雲とバーナード357、バーナード364 を含んでいる。

　さらに北を見るとセフィース座に入る。そこで視野の中にLynds#300 が入る。これは 4 個のリンヅ暗黒星雲とバーナード150 から成る。さらに北に上昇すると最後に Lynds#346 を見つけられる。これは、また、光輝な星雲 NGC 7023 を保有している。大部分の光を遮る雲のこのグループは、セフィース座ρ1星とセフィース座アル・カルブ・アル・ライ星まで延びている。そして北極星でちょっと止まる。多くのこれらの黒いレーンの確認を困難にしている 1 つの理由は、セフィース座星雲の光輝性である。各々の黒い地域を取り巻く額縁を、夜空の光度の低い星が形作っていて、これらの黒い雲は、完全にそれらに依存しているので、そのような星を観測する能力が必要である。

　ミルキーウェイ銀河のダークリフトに戻って鷲座を見る。ここで観測者は、アルタイル付近に浮かぶバーナードの有名な E星雲を見つけられる。それは、バーナード142（LDN 688）とバーナード143（LDN 674）でできている。次に、肉眼で見つけやすい天体 Lynds#141 を探す。これは 7 個のリンヅ暗黒星雲を含み、ヘラクレス座の南東コーナーまで延びている。さらに南を見ると、蛇遣い座、射手座、そして蠍座内の最も有名な黒い地域の幾つかを見ることができる。そこには、巨大なパイプ

星雲（バーナード78）とLynds#1が含まれる。これはまた、蛇遣い座 ρ 星クラウドコンプレックスとして知られている。

　ちょうど右に狼座のダークウルフ星雲（バーナード228）がある。狼座のすぐ上に天秤座があって、ここにはLDN 1778とLDN 1780から成るLynds#86がある。しかし、この地域の最も興味を引くターゲットは、多分、ミルキーウェイ銀河の中心バルジから天秤座の北に延びる明らかな黒いレーンである。それがこの黒い流れを蛇の尻尾の地域に持って行く。しかし、リンヅは、この地域のどの天体もリストに載せなかった。

　リンヅ暗黒星雲については、グーグルを使って、

　　　Lynds Catalogue of Bright Nebulae

を検索すれば画像が見られる。


## サンドクヴィスト暗黒星雲

　南冠座にブーメランのような形状をした暗黒星雲がある。それはバーンズ157と称される。しかし、その正式名は、サンドクヴィスト・リンドルーズ39と40である。スウェーデン人天文学者アージ・サンドクヴィストは、暗黒星雲研究の第一人者で、彼の著書 *Bright and Dark Nebulae: An Observer's Guide to the Cloud of Milky Way*『光輝な星雲と暗黒星雲、ミルキーウェイ銀河の雲の観測者用ガイド』（2017）がある。

　セントールス座を通過して南十字座を見ると、ここで有名な

石炭袋を見つける。これは、複数の認識のある天体で、暗黒星雲301.7-2.6Cとサンドクヴィスト139、140、142、144、150、155、157、161、そして162を含んでいる。南十字座の南には、光輝に輝くマゼラン雲がある。ロシア人天文学者セルゲイ・ガポシュキンが、1959年の『アストロノミカルジャーナル』に掲載された論文"The visual Milky Way「目で見えるミルキーウェイ銀河」"の中で、この地域について、次のように書いている。「目で見て、この地域は、観測者に忘れられない印象を与える。マゼラン雲は、つい最近、ミルキーウェイ銀河と意味のある相互作用を持っていることがわかった。石炭袋からマゼラン雲まで、数十億個のミルキーウェイ銀河の星にヴェールを被せているような、多くの暗黒星雲の確かな道筋を辿ることができる」と。

　蠅座を見ると、ダークドゥーダッド星雲が見える。それは、宇宙空間の中の薄い滴のようで、暗黒星雲301.0-8.6Cとサンドクヴィスト141、143、145、そして146からできている。さらに南にあるカメレオン座には、カメレオンⅠ暗黒星雲があり、これにはバーネス142、143、そして144が含まれ、さらに大きなカメレオンコンプレックスを形成する3つの主要暗黒星雲の1つになっている。この巨大な恒星形成領域は、カメレオン座に君臨しているだけでなく、風鳥座、竜骨座、蠅座、そして八分儀座にガスを吹き込んでいる。

　サンドクヴィスト暗黒星雲については、グーグルを使って、

sandqvist dark nebulae

を検索すれば画像が見られる。

## オリオン座・一角獣座地域

　次に、オリオン座・一角獣座地域でミルキーウェイ銀河の暗黒星雲を紹介する。そこは、牡牛座のようにミルキーウェイ銀河の背骨のちょうど南に当たる。オリオン座・一角獣座地域は、大きな暗黒星雲ではよく知られてはいないが、それは非常に多くの素晴らしい光輝な星雲を含むからである。その最たるものがオリオン星雲である。幸い、ガイアミルキーウェイ銀河星図は、暗黒星雲をむしろ明らかにしている。例えば、オリオン座・一角獣座地域雲内に Lynds#78 と Lynds#79 という２つの明らかなボイドが見つけられる。それは、それぞれ４個のリンヅ暗黒星雲を含んでいる。

# 第5章　球状星団

　球状星団を研究することによって、天文学者はミルキーウェイ銀河の古い秘密を解読しようとしている。

　球状星団は、第2部「ミルキーウェイ銀河内部」第2章「銀河の形状」「球状星団」で述べたように、そのメンバーである恒星は古い。従って、恒星の世代に対する進化について、多くの情報を提供してくれる。ビッグバン以後、宇宙は、水素とヘリウムがほとんどを占めていたと言われている。だから、最初にできた恒星は、構成物質の大部分が水素とヘリウムだった。この時代の恒星を第三世代の恒星という。天文学者は、水素とヘリウムより質量の大きい元素をメタルと呼んでいる。第三世代の恒星が進化し、拙書『ブラックホールの実体』で述べたように、超新星爆発を起こして多くのメタルを宇宙に撒き散らす。そこから第二世代の恒星が誕生し、同じく進化して超新星爆発で死に、さらにメタルを宇宙空間に撒き散らす。そして、第一世代の恒星が誕生した。太陽は、この第一世代の恒星である。メタルは、恒星の内部と超新星爆発時につくられると言われている。

　また、第2部「ミルキーウェイ銀河内部」第2章「銀河の形状」「球状星団」で述べたように、球状星団は銀河の融合に大きく寄与している。だから、球状星団を調べることによって、銀河の融合を経たミルキーウェイ銀河の進化を解読できる。

# 蛇座球状星団M5

　ミルキーウェイ銀河を取り巻く全部で約150個ある球状星団は、時間の中に凍結した花火のように光っている。各々の輝く光の小斑点は、高密度の燃えるような核の周りに浮かんでいるようだ。わずか100光年幅の球体内に、1,000個から1,000万個の恒星が、お互いの重力的引き合いによって拘束されている。

　その中で最も素晴らしい球状星団の１つが、蛇座の中にある。ドイツ人天文学者ゴッドフリート・キルクと彼の妻マリア・マルガーゼが、1702年５月５日に初めてこの天体に気づいた。彼女の日記によると、マルガーゼは、そのコンパクトなパッチを星雲のような星と記述した。フランス人彗星ハンターシャルル・メシエは1764年にそれを再発見し、それを美しい星雲と呼んだが、その銀河団風の特徴を識別することはできなかった。それは彗星ではなく、メシエの有名なカタログのリストで５番目に挙がった。そしてM5になった。

　1791年にやっと、その時代の最も熟練した観測者であったウィリアム・ハーシェルが、最終的にM5は、恒星のコンパクトなボールであることを解明した。彼は、自作の焦点距離40フィート（12.192 m）の48インチ（121.92 cm）望遠鏡を使って、その中に200個の星を数えた。ハーシェルは、すでにこの驚くべき塊を説明し、名付ける理論を持っていた。有名な1785年の論文 "On the Construction of the Heaven「夜空の星座」" をロンドン王立協会の論文集に掲載した。その中で、星雲の形成について書いている。彼は、特に大きな星は、他の星を引き

つけ、そのようになる、あるいは中心付近に凝縮するようになる。言い換えると、ほとんど球状の星団になると考えた。

　今日、ハッブル宇宙望遠鏡を使って、ミルキーウェイ銀河中心付近の球状星団を探査することができる。いつも黒いベルベットの上の大量のダイヤモンドとして描写され、ハッブル宇宙望遠鏡の鋭い眼で見た球状星団は、はるかにカラフルな色をしている。

　全てが変わったのは、ちょうど25年前であった。それは、地上望遠鏡に電子ディジタル探知器が設置され、同時に、ハッブル宇宙望遠鏡に可視光、紫外線、そして赤外線画像器が付いて、天文学者がミルキーウェイ銀河を超えて、髪の毛座銀河団も超えた球状星団の等級、色、そして分布を研究できるようになったときだった。

　球状星団自体、大部分の銀河の恒星質量のほんの一部分、普通 1 ％以下を占めているだけだが、球状星団は、銀河の全てのタイプに存在している。矮銀河は、ただ 1 つの球状星団を保有しているようで、乙女座銀河団の中の M87 のような巨大楕円銀河は、蜂の群れのように銀河の周りに群がる、10,000 個以上の球状星団を保有しているようだ。


## 初期の研究

　全ての球状星団研究は、必然的に天文学者ハーロー・シャプレーの観測結果を基にしている。彼はこの分野に大きく貢献し、球状星団について、システム、あるいは集団として議論し

た最初の天文学者と言われている。1910年代、カリフォルニア州ウィルソン山天文台で観測を行い、ミルキーウェイ銀河球状星団について、多くの論文を出版した。

　12番目の論文で、彼の最も有名な発見について触れている。ミルキーウェイ銀河の周りの球状星団分布から、彼は、太陽は、ミルキーウェイ銀河の中心ではなく、そのディスクの1つの側の外れにあると結論付けた。後に、エドウィン・ハッブルが、近隣銀河であるアンドロメダ銀河内にも球状星団を探知した。そして、球状星団は、同様に、他の銀河でもそのメンバーであると主張した。

　球状星団は、いつも宇宙における最も古い恒星として定義されている。全ては、その保有している銀河の恒星と他の全ての天体より古い。全ての球状星団が、均等に形成されていないという最初のヒントは、1940年代と1950年代に出た。それは、献身的な星団観測者、特にカリフォルニアのリック天文台N. U. メイヤール、ウィスコンシンのヤーキス天文台ウィリアム W. モーガン、そしてアリゾナ州ツーソンの National Optical Astronomy Observatory（米国光学天文台）トム・キンナンが、星団は内容物と速度の両方を変化させるという証拠を発見したときだった。1994年、ミルキーウェイ銀河の伴銀河として、射手座回転楕円体矮銀河が発見されたとき、その矮銀河の核が、球状星団 M54 であることがわかった。

　そして、球状星団は、今日でも形成されている。それは、最近の銀河相互作用、融合、そして恒星形成バーストの後である。この発見が、半世紀前であるとは信じられないと言われて

いる。半世紀前は、球状星団の最初の年齢推定が、恒星進化理論と星団恒星観測結果を比較して行われたときである。球状星団研究の初期段階では、天文学者は、球状星団が、いつどのようにして形成されたかに対する1つの答えを見つけようとしていた。しかし現在は、多分、多くの進化過程があると考えられている。

## メタルが豊富か、あるいは貧弱か

今日、天文学者は、球状星団を銀河形成プロセス自体の極めて重要な遺物であると見ている。それは特別な銀河が、そのサイズと形状にどのようにしてなったかの手がかりを提供している。

一様性からはほど遠く、球状星団は、年齢と内容物によって変わる。幾つかはメタルが少ない。これは、ヘリウムより質量の大きい元素を大量に含まないことを意味する。ヘリウムの最も多い形は、その核内に2個の陽子と2個の中性子を含んでいる。大部分の質量の大きい元素は、恒星内の核融合反応によって作られ、超新星爆発によってばら撒かれるので、メタルの少ない球状星団は、原始的物質からの初期の形成であることを示している。

他の球状星団は、メタルが豊富であることがわかった。それでも、太陽の中の質量の大きい元素と比べると、6分の1か、もう少し多い程度である。天文学者は、次のように考えている。メタルの豊富な球状星団は、恒星形成の第二世代、あるい

はそれより後の世代で、超新星爆発が灰のように宇宙空間に質量の大きい元素を撒き散らした後、形成された。これら異なったタイプの球状星団は、全く違った世代の星団形成の象徴であるに違いないと考えられている。

ミルキーウェイ銀河内では、古いメタルの少ない球状星団が、銀河の外部ハロー内に優勢に存在し、むしろゆっくり動いている。メタルの豊富な球状星団は、中心の銀河バルジの周りに存在する傾向にある。そして、さらに速く公転し、メタルの少ない球状星団より10億年から20億年若い。

ミルキーウェイ銀河内の、異なったゾーンにいる球状星団の、異なったタイプは、ミルキーウェイ銀河がその組み立てにおいて、融合によって分離された段階で、進行した証拠であるかもしれないが、その正確な詳細は論争中である。しかし、メタルが少ない球状星団は、すでに球状星団を形成した、さらに小さい星団の融合を通してできたということが、優勢な主張であるようだ。

これが、若い銀河は、さらに小さい破片のようなものから組み立てられていることを示す、最近の観測に上手く絡み合っている。メタルの豊富な球状星団は、明らかに大きなミルキーウェイ銀河雲の崩壊の間より後の段階で形成された。

ミルキーウェイ銀河がいろいろな段階を経て発展したことは、依然として推論的であると言われている。球状星団は、銀河ハロー内の恒星質量のほんの１％を占めているに過ぎない。だから、銀河形成がどのように起こったかを、それらが正確に示していると考えるべきでないようだ。それらは特別な天体

で、その物語のほんの一部を語っているに過ぎないと考えられている。

　ミルキーウェイ銀河の外側には、メタルの少ない球状星団が同様に形成されたようである。これは、それらを保有する銀河が形成される前に、同一の環境の下で、それらが形成されたことを示している。一方、メタルの豊富な球状星団は、銀河によって変化するように、それらを保有する銀河の保有メタルに反映している。さらに、任意の銀河内の球状星団の数は、銀河の明るさに直接リンクしているようだ。渦巻銀河の渦巻き、バルジ、あるいは楕円銀河が明ければ明るいほど、その周辺にメタルの豊富な球状星団が数多くある。しかし、銀河の形成と進化について、上記のことが示すことは、依然として論争の的であるようだ。楕円銀河を取り巻いている、メタルの豊富な球状星団の多くは、新しいと考えられるが、その考え方は、30年以上前に最初に提案されたとき、天文学者の中に意見の分裂があった。

## 融合が球状星団をつくる

　1970年代、アラー・トームレとジュリ・トームレの兄弟が、コンピュータシミュレーションを行って、楕円銀河は、ディスクを持った銀河の融合から進化したと提案した。このような考え方は、当時非常に革命的な意見であった。しかし、シュヴァイザーは、トームレ兄弟の影響を強く受けていて、すぐに融合銀河の例を探す仕事で名声を得た。彼の最初の大発見は、渦巻

銀河 NGC 7252 であった。これは、中心からぼんやりしたフィラメントが曲がって出ていた。古い原子のシンボルに似ているので、アトム・フォア・ピース銀河として知られるようになった。NGC 7252 は、２つの銀河の動乱の融合から、約10億年前に形成されたことは、一般的に認められている。

しかし、1986年、フランソワ・シュヴァイザーが、カリフォルニア州サンタクルーズで開催された天文学会に出席したとき、融合による楕円銀河の考え方は、依然として異説と見られていた。その学会は、それらの高い年齢の証拠として、楕円銀河の周りにある古い球状星団を指摘していた。シュヴァイザーは、すぐに、それらの球状星団の幾つかは新しい可能性があり、これらは融合プロセスの間に新しくつくり出されたと反論した。「この学会に出席した人々は、私は頭が変だと考えた。私は球状星団について全く研究していなかった。だからその提案が、私の研究者としてのキャリアを葬ったことを知った」とシュヴァイザーは回顧している。そのとき、球状星団は、定義によって古いものと決めつけられていた。

しかし、シュヴァイザーには予感があった。彼は、NGC 7252 の周りに幾つかの奇妙な斑点と、もう１つの電波銀河フォーナックス A と記録された NGC 1316 に融合の疑いを見ていた。彼は、その斑点は、新しい球状星団のようであると考えた。「自然はビッグバンのずっと後、球状星団のつくり方を知っていた。融合は、そのプロセスである」と彼は説明している。

シュヴァイザーは、後に、ハッブル宇宙望遠鏡と地上の巨大

望遠鏡によって擁護された。2つの融合する銀河の驚くべき表示である、アンテナ（NGC 4038とNGC 4039）を見て、シュヴァイザーと数人の研究者仲間が、数千個の星団を探知した。それらは、その激しい融合によって形成された。融合する銀河内に埋め込まれた水素分子の巨大な雲が、突然上昇する圧力を受けたとき、それらは恒星形成の激しい時代を経験した。

　数千億年の間に、それらの星団の大部分は破壊され、それらの恒星は宇宙空間に分散した。最も大質量の恒星は素早く死んで、大爆発を起こした。その超新星爆発で、そのガス雲は引き裂かれた。しかし、銀河的ガス雲が小さい容積で十分な質量を持っていれば、幾つかの球状星団は、多分生き残っただろう。

　シュヴァイザーとミシガン大学天文学者パトリック・サイツァーは、落ち着くのに時間を要した、さらに古い融合を精密に調査した。例えば、NGC 7252の中で、彼らは8個の若い球状星団を発見した。それらは、依然としてブルーで輝き、わずか5億年くらいの年齢であることを示している。このくらいだと天文学では新生児と言う。さらに多くの球状星団が、多分密度の高い星間空間ガス雲で隠されていると見られている。シュヴァイザーは、約500個の球状星団がNGC 7252の周りにあり、その半分は古く、残りの半分は新しいと推定している。

　これは、球状星団観測者に1つの問題を提起した。その問題は、巨大な楕円銀河の周りで発見される数千個の球状星団を、遅い時期の融合であるかを説明できるかである。今のところ時期尚早で解答はできない。

　遠方の宇宙にある球状星団の正確な年齢を判断するために、

我々は大きな望遠鏡を使って、必要な分光学を使う必要があると言われている。天文学者は、もはや銀河の融合が、球状星団の新しい個体群をつくることができることを疑っていない。しかし、それらは構成要素全体からみると小さいようだ。

　球状星団のような、稠密にまとまったシステムを形成するのは難しいようだ。2個の銀河の融合は、300個近くの球状星団をつくるかもしれないが、数千個の球状星団をつくるためには、太陽質量の100兆倍の質量を要求する。その質量の物質が、球状星団や全ての恒星を形成する。このような巨大な量のガスが、銀河内に普通に使える状態であったほんのわずかの期間は、原始銀河時代だったようだ。銀河の融合が、球状星団の形成の突破口になった可能性が強いようだ。しかし、銀河形成の最初の波が押し寄せている間に、十分な銀河を形成することに反するような、融合する原始銀河的ガス雲が、多くの球状星団を形成したと考えられている。この視点から、アンテナとNGC 7252は、数十億年前に起こったことのかすかな痕跡であると見られている。

## 古い球状星団が宇宙の年齢を決める

　ミルキーウェイ銀河の球状星団の小さい年齢差は、ビッグバンの後、すぐに球状星団の大多数が形成されたという考え方を支持している。最も原始的な星団は、太陽内で発見されるメタルの豊富さの1％以下である。このような星団は、120億歳から130億歳付近である。これは、これらの星団を宇宙における

146

最も年齢の高い天体に入れている。そして、基本的に、これから宇宙の年齢を推定できる。ミルキーウェイ銀河内のさらにメタルの豊富な星団は、ほんの20億年若いだけである。これは、ビッグバンの後、約10億年頃に始まり、数十億年続いた大質量星団形成の時代があったことを暗示している。それが、また、ハッブル・ディープ・フィールドのような初期宇宙観測の道を拓いた。ハッブル・ディープ・フィールドは、さらにブルーに見える、そして古い時代の構想を練る銀河を示している。

　ビッグバン残照である、宇宙マイクロ波背景放射の最近の計測から計算した宇宙の推定年齢に、球状星団の年齢がマッチしている。2つの完全に異なったテストが、全く同じ答えに辿り着いたことになる。いつもそうではなかった。長い間、標準宇宙モデルを基礎とした計算では、宇宙は100億歳であることを示した。これは球状星団の年齢より若い。これはパラドックスだった。どうして恒星の方が宇宙より年寄りなのか。それは矛盾する年齢差だった。そして、天文学者は、宇宙の理解について修正の必要があることを知った。

　宇宙は、加速する膨張率で膨張していることについての8編の論文が、1999年に大きな助けになった。スペースタイムに浸透しているようなダークエネルギーの存在のため、宇宙はどんどん膨張している。時間経過とともに、宇宙の膨張を徐々に助長しているこの追加的なエネルギーで、そのパラドックスを消去するほど、宇宙は年寄りであることが発見された。

## 恒星のサーカス

　宇宙的道標としての球状星団の使用は、ときどき天体としてのそれらの独自性を曇らせる。ラッシュアワー時の通勤電車内に詰め込まれたような恒星から、球状星団は、ミルキーウェイ銀河ディスクの静かな郊外よりも、さらに異質な環境を提供している。そのディスク内で、太陽に一番近い恒星のお隣さんであるライジル・ケンタウルスは、約4光年彼方にある。しかし、太陽を球状星団の中心に置いたと仮定すると、ライジル・ケンタウルスよりも近いところに1,000個、あるいはそれ以上の恒星の騒がしい集団を持つことになる。それらが地球の夜と昼、夜空に輝いている。すると、恒星間のニアミスは、日常茶飯事になるだろう。

　何がこのような恒星をそれだけコンパクトに保持できるのか。パワフルなコンピュータシミュレーションは、この長い間疑問を抱いていた謎を解き始めている。その星団内の若い恒星は、おとなしくしていない。それらが進化すると、運動エネルギーが恒星間で連続的に交換される。小質量恒星は、エンジンを吹かせて速度を上げ、最終的にそのシステムから消えてしまう。一方、大質量恒星は、エネルギーを失って中心方向へ沈んで行く。時間経過とともに、星団の外周部は拡散し、その核は密度が上昇して、球状星団に顕著な特徴である球体状になる。

　それが縮小したとき、何故、全体の球状星団が完全にブラックホールに崩壊しないのか。シミュレーションは、崩壊が起こる前、幾つかの恒星が相互作用して二重星系を形成する。それ

が潰れることをストップさせる。テンポの速いスクエアダンスのパートナーのように、これらの恒星は、素早くお互いの周りを回転し、ときどき良いペアになる、あるいは非常に稀ではあるが融合する。

　それがブルーの落伍者の謎を説明している。星団の中を長い間観測すると、これらの大質量恒星は、普通の主系列星より青っぽくて光輝である。天文学者は、現在、それは、2つのさらに小さい恒星の融合が、原因であることに気づいている。

　そしてブルーの落伍者は、これらのジャムのようにパックされたシステム内で、最も異質である訳ではない。X線望遠鏡は、真の奇怪さを明らかにしている。その奇怪さは、大変動の変光星、ミリ秒パルサー、そして二重中性子星系である。最も年寄りの知られた惑星が、最近二重星系の周りで発見された。その二重星系は、比較的近隣の、球状星団M4内のパルサーと白色矮星から成る。球状星団の中で発見された最初の太陽系外惑星である。

# 古い球状星団に太陽系外惑星発見

　今までに発見された太陽系外惑星の中で、2003年にサイエンスの中に発表された天体以上に奇妙なものはないだろう。その発見者チームの主張が正しければ、その太陽系外惑星は最も古く、知られた中で最も遠くにあるものの1つである。この惑星は、また、初ものづくしである。球状星団内に発見された最初の惑星で、二重星系を公転する最初の惑星で、そしてメタル

の少ない恒星を母星とする、2、3の惑星の1つである。その惑星は、いろいろなところで地球とは違っていると、そのときNASA天文学者は言った。

巨大ガス惑星が、この近接したパルサーと白色矮星を公転していると主張する天文学者もいるが、まだ未確認である。この二重星系は、M4の中にある。M4は古い球状星団で、地球から約7,200光年の距離にあり、夜空では、蠍座に属する。

M4の恒星は、ほとんど全て同じ年齢であるので、天文学者は、その惑星は、恒星が形成された約130億年前と、ほとんど同じ時期に形成されたと考えている。今までに発見された、他の太陽系外惑星のほとんど全てが、その年齢の半分であると予想されている。

「これは、惑星形成が、宇宙の非常に早い時期に起こったことを意味している」とある天文学者は言う。球状星団内の恒星は、非常に早い時期に形成されたので、メタルの豊富さは、太陽のちょうど30分の1である。これは、惑星は水素とヘリウム以外の元素が必要で、メタルを撒き散らして形成すると考えた幾人かの科学者には驚きだった。

その惑星の存在位置が、その惑星が長い人生の中で、多くのことを経験してきたことを暗示している。この惑星は、現在位置で形成されたとは考えられないようだ。太陽より少し質量の小さい恒星の周りの、その星団の外部地域で形成されたと考えられている。このシナリオの中で、その恒星とその惑星は、M4の核に向かって移動して、それらが現在連れ添っているパルサーに捕獲されたようだ。最終的に、当初の恒星は、赤色巨

星に進化して、その中性子星がガスを剥ぎ取った。赤色巨星の
残骸は白色矮星になり、そのパルサーの1秒間の自転率を約
100倍スピードアップさせたと考えられている。

# 第6章　水の世界

　惑星は、如何にして水を得たか。天文学者は、白色矮星からの情報の中に、その証拠を探している。

　なお、白色矮星については、拙書『ブラックホールの実体』第1部「ブラックホールの歴史」第4章「白色矮星」で詳しく述べているので、参考にされたい。

　太陽系外惑星では、水の探査は主要なことである。我々が知るような生命体の進化において、その生命維持に必要な役割を果たすからだ。しかし、太陽系外惑星上に生命を与える液体を見つけることは、継続した挑戦である。

　10年近く、科学者は、惑星が白色矮星によって引き裂かれ、消滅させられたときの、惑星の構成物質を探査してきた。質量が大きい元素は、すぐに水素とヘリウムが豊富にある恒星表面の下に沈むので、恒星の中で探知されるどのようなメタルも、そこに落ち込んだ惑星から来たに違いない。なお、メタルとは、水素とヘリウム以外の元素をいう。このプロセスのお陰で、天文学者は、地球の構成物質についてよりも、死んだ太陽系外惑星の内部についての方がよく知っている。


## 未知の水

そのとき、科学者が探すものは何か。水は、地球上におい

152

て、生命体に対する鍵を握る構成物質である。だから、我々が太陽系内の天体上で生命体を探すとき、水の存在が我々の興味を引く。そこで、天文学者が、太陽以外の恒星の周りの、可能性のある生命生存可能領域内の惑星を探すとき、水の存在の可能性に焦点を絞っている。

　だから、太陽系外惑星探査は、生命生存可能領域に焦点を絞っていて、恒星のその地域は、惑星表面上に液体の水をそのままの状態で保存できる可能性がある。残念ながら、我々の望遠鏡のどれかが、数光年の彼方にある惑星の表面を解読することができるようになるまでには、長い年月が必要だろう。NASA ハッブル宇宙望遠鏡のような機器は、太陽系外惑星を探査することができ、その大気中に水の兆候を探せる。しかし、太陽系を超えたところの、数千の太陽系外惑星と、その候補を確定したにもかかわらず、科学者は、そこからほんのわずかのデータを探し出せるだけである。

　確認された太陽系外惑星の大部分は、基本的に、恒星前面通過方法を使って発見され、調査された。それは、その太陽系外惑星が、母星からの光をどのようにブロックするかを調査するものである。不幸にも、これは、その太陽系外惑星のサイズだけを決定できる。他のことは、視線速度方法によって見つけられた。その方法は、その惑星がどのくらい母星を引っ張るかを計測するので、その質量を知ることができる。科学者が、恒星前面通過方法で惑星を発見し、追跡調査で、視線速度計測を行うと、質量とサイズを使って、その惑星の平均密度を決定できる。その結果、大雑把ではあるが、その構成物質を推定でき、

水が存在するか否かの手がかりを得ることになる。ほとんどの恒星前面通過方法で発見した太陽系外惑星には、このようなことを行っている。

## 水はどこから来たか

　我々は水に慣れ親しんでいるにもかかわらず、科学者は依然として、地球の水の起源を知らない。幾人かの科学者は、太陽系内部の４個の岩石でできた惑星は、生まれながらにして水を多く含んでいたと主張しているが、大多数は、それらの惑星は、非常に高温で水は保有できなかったと考えている。どういうわけか地球と火星、それに金星は、高温の乾燥した惑星から、生気にあふれた海をもった惑星になった可能性がある。金星と火星は、後に再びその水を失ったが、地球には水は残り、生命に溢れた惑星に変わった。

　しかし、地球が乾燥した状態で形成されたとすると、水はどこから来たのか。数十年間、科学者は、彗星が強い候補者であると考えていた。太陽系における岩石でできた雪のボールが、太陽系内部の惑星にぶつかった可能性がある。それは、荒れ狂った太陽系初期に、あらゆるものが衝突したときで、その結果、地球に水をもたらしたばかりでなく、炭素や窒素のような他の揮発性物質ももたらした。残念ながら、彗星へのミッションは、それらの水の化学的痕跡が、地球の海の水とマッチしていないことを明らかにした。その結果、大部分の研究者は、原始的な水の根源として彗星を考えなくなった。しかし、それら

が、現在の水の供給の一部を担っている可能性も考えられる。

　今日、小惑星が、地球への水の配達者の最も強い候補者として残っている。小惑星帯の中で、水は鉱物に閉じ込められている。その巨大な重力をもった若い木星が、そこで物質をかき混ぜたならば、そのいくつかは太陽系内部に飛んだ可能性がある。衝突とそこで発生した熱が、若い地球にその水を投下させたようだ。

　それで、研究者は、いかにして水が地球に来たかのミステリーを解読しつつある。そして、彼らは、他の恒星の周りにある惑星に対しても、同様のプロセスが働いたと考えている。

　なお、地球の水の起源については、拙書『太陽系探究』第6章「地球」の「水の起源」で詳しく述べているので、参照していただきたい。


## その鍵は白色矮星

　太陽系外惑星は、ミステリーに覆われている。しかし、覆われていないところが、その現状についての手がかりを提供している。過去10年間に亘って、科学者は、太陽系外惑星の内部にあるものを探査する方法を見つけた。その方法は、外部から内部を見ることではなく、内部から外部へ出たものを見ることである。このような観測は、地球を含む一番近くにある天体の研究よりも、さらに詳細な情報を供給している。

「太陽系の中で、我々は実際、惑星の内部を覗き込む方法を知らない。例えば、地球の構成物質について、我々が地球の上に

乗っていても、70%から80%は知らない」とある天文学者は言う。

それは、科学者が地球の構成物質を見ていないことを意味するのではない。地球の密度と磁場、それに隕石を研究することによって、我々の見地を豊富にしてきた。しかし、誰も地球の核まで掘り進み、直接、地球の層を確認することはできない。

しかし、ある意味では、このような手段を使って、太陽系外惑星を研究している。それら太陽系外惑星自体を見るよりも、むしろ、白色矮星を研究している。白色矮星は、それらの質量の多くを残しているが、ほんの地球サイズの太陽型恒星の名残である。これらの恒星の幾つかは、かつてそれらを公転していた惑星を消滅させた。

もはやヘリウムを核融合できなくなったその生涯の最後に、太陽のような恒星は、膨れ上がり大質量の赤色巨星になる。そして、惑星型星雲となる外部層を放出する。残されたものが白色矮星に崩壊する。これらの恒星の死骸は、もはやどの元素も核融合させないが、残された熱は、それらが数十億年かけて冷えていくことを意味している。

普通の恒星とは違い、白色矮星の大気は、本当に原始的である。天文学者は、水素だけを探知するが、ときどき最上部に昇ってきたヘリウムも探知する。だから、科学者が、炭素、あるいは窒素のような何かがその大気を汚染するのを見るとき、彼らは、その星の上に落ちてきた何かが、それを放り出したに違いないと考える。

白色矮星は、白紙の紙のように振る舞う。物質がそこに落ち

込むとき、我々は、それが何でできているかを見ることができると言われている。

そして、白色矮星は貪り食うのが好きである。それらを公転する物質が近くに引き寄せられたとき、その強力な重力が、その物質を切り刻む。太陽のような恒星は、ガスを吹き飛ばす風を吹かせるが、死んだ星は静かだ。破片を吹き飛ばすような突風もない。

一度、あなたが白色矮星の重力場に捕らえられると、あなたがどのような形になろうと、最終的に、あなたは白色矮星によって、鵜呑みにされると言われている。

そこが、科学者が研究を始めるところである。白色矮星の外部層を探査すると、それらが最近食べたものの中身を知ることができる。それは、1万年から10万年前のどこかで消化したものである。そして、破片のディスクが白色矮星を取りまく。最近、天文学者は、白色矮星を公転する、分解するセリーズサイズの小惑星を発見した。これは、白色矮星大気内の多くの物質は、破壊された小惑星のものであることを暗示している。

白色矮星は、それらに螺旋状の軌道で落ち込む物質を切り刻むので、物質が、丸ごとの惑星なのか、あるいは小惑星サイズの塊なのかを決定することは、非常に難しい。しかし、過去10年間に亘って、白色矮星の最後の食事の観測が、死に行く惑星系において、水は豊富であることを明らかにした。これは、水は、惑星の中の要素であることを暗示している。

## 小惑星を食料に

　白色矮星が、死に行く天体を貪り食うことが、明らかになったので、多くの科学者は、別のものを見たかった。2012年、天文学者は、白色矮星GD61の新しい画像を捉えた。それは、ハッブル宇宙望遠鏡とハワイにある2台のケック望遠鏡でさらに詳細に見たものである。その白色矮星の大気の科学的な調査から、その科学者チームは、GD61は最近、水の豊富な天体を捕食したと発表した。初めて、太陽系外天体に主要な構成物質である水が確認された。

　ヴェスタサイズの小惑星の化学は、GD61が恒星であったとき、その小惑星は、小惑星帯の一部であったことを暗示した。その水が、固体、液体、あるいはガスとして現れたかどうかを知るのは不可能だが、一番可能性の高いのは、岩石の内部に閉じ込められていた可能性だ。

　別の天文学者は、恒星が赤色巨星に膨れ上がったとき、小惑星サイズの天体の中とその表面上の両方で、水に何が起こったかをモデル化した。その結果、彼らは、その恒星が赤色巨星になったとき、最も遠くにあった岩石でできた天体を除いた全てに対して、どのような表面上の水も、たぶん、蒸発して放り出されたことを発見した。しかし、岩石内に閉じ込められた水は、そのまま残る可能性がある。

　GD61が、小惑星のような天体を捕食したことを発見したとき、数個の他の白色矮星も捕食の習性を示した。その白色矮星の捕食物は、昨年、全て太陽系内部の天体のように見えるもの

であったことを確認した。岩石でできた鉄を多く含む物資は、破裂した惑星の核に似ていて、ほんのわずかの水しか保有していなかった。しかし、遠方の小惑星帯からの岩石でできた天体が、白色矮星が捕食する唯一の天体ではないようだ。

## 惑星系外部の捕食物

2017年初頭、研究者グループが、白色矮星は、その惑星系の外部の天体も捕食してきたことを発見した。彼らは、汚染された白色矮星を探査した。

その天体の1つであるWD 1425±540は、実際、このような顕著な特徴に対する例外として、他のものから突出しているわけではなかった。それは、後で詳しく述べるヘリウム白色矮星であるけれど、水素も豊富に含んでいる。彼らが、ハッブル宇宙望遠鏡を使ってその白色矮星を調べたとき、それが驚くほど豊富な炭素と窒素を含んでいることを見つけた。それらの物質は、距離的に恒星に近いところでは稀で、我々の太陽系に例えると、土星と同じ位置でのみ現れる。

窒素は、温度の低さの手がかり、あるいは表示であるようだ。そして、窒素のあるところに水は存在できるのか。

高い窒素の割合は1つの信号である。他のどの白色矮星も、以前にその元素の付着の兆候を示さなかった。他の元素と比較して窒素の量の豊富さは、その破壊された天体は、太陽系で言うと、土星軌道よりも外部、つまり太陽系外カイパーベルトから来たことを暗示した。太陽系では、カイパーベルトは彗星と

小惑星の宝庫である。WD 1425±540が捕食したものが何であろうと、それは彗星よりも大きく、カイパーベルト天体で最も有名な冥王星とほとんど同じ質量であるようだ。

　我々は実際、冥王星の全部の構成物質を知らない。それを叩き潰して、計測しない限り、それはわからない。だから、その遠くにある白色矮星は、太陽系に例えると、一番遠くにある冥王星のような天体が内部に来て、その天体を間近で見たかもしれない。

　しかし、岩石でできた内部の天体は、母星が赤色巨星に膨れ上がった後、容易に軌道を乱される。そして、完全に破壊されなければ、内部に落ち込んで行くので、さらに遠くにある天体が、白色矮星の胃袋の中にどのようにして入るかを理論づけるのは難しい。その研究者グループは、WD 1425±540の伴星の重力が、その理由であると推測している。その伴星は、地球が太陽の周りを公転する軌道の2,200倍、その白色矮星から遠いところを公転している。その研究者グループは、この伴星からの小さい摂動が、カイパーベルト天体を内部に動かして、その運命を導いたかどうかを調査している。

　太陽系外カイパーベルトは、決して新しいことではない。科学者は、他の恒星の周りのカイパーベルトを確認した。それは、彼らが、太陽系にカイパーベルトがあることを知る前だった。しかし、その１つの内部を覗き込むまでは、その存在を知らなかった。

　もし、太陽系のカイパーベルトが、地球に向かって彗星や他の天体を放り出し、少なくとも生命に必要不可欠な元素といく

らかの水を送り込んだならば、同じ構成物質を十分に含んだ太陽系外カイパーベルトから、同様の経緯となることが考えられるので、他の惑星系に同じことが期待できるようだ。

　揮発性物質を豊富に含んだこのような天体が、白色矮星を公転しているという単なる事実が励みになるようだ。もし存在するならば、地球のような天体が、また、生命の起源となる薄板、あるいは表面の層をもっているかもしれないと考えられる。


## 水素のごった混ぜ

　前記の科学者グループが、それぞれの白色矮星に対して、小惑星や太陽系外カイパーベルト天体に、水を豊富に含む兆候を探し求めているとき、別の研究者グループは、一歩下がって、数百の死んだ恒星を探査した。目標は、ヘリウム白色矮星として知られている小さいクラスに焦点を絞るためだった。その結果、水を豊富に含む天体は、ミルキーウェイ銀河全体に充満しているようであることを知った。

　ヘリウム白色矮星は、白色矮星全体の約3分の1を占めている。さらに数の多い普通の白色矮星とは違って、それらは、水素よりもむしろヘリウムを豊富に含む大気をもっている。実際、それらの水素の起源は、ちょっとしたミステリーである。幾人かの科学者は、これらの白色矮星は、徐々にヘリウム大気によって薄められた水素の貯蔵庫をもって形成されたと論争している。他の科学者は、それらの白色矮星は、星間空間物質を

通過したとき、表面に水素を拾い上げたかどうかを疑っている。

　上記の１つの研究者グループは、最近、新しいヘリウムを豊富に含む白色矮星GD17を発見した。その構成物質は、GD61に非常によく似ている。両方とも、水素が多く、他の元素も豊富に含んでいる。この二つの特徴が、関係があるかどうかは、まだはっきりしない。彼らは、729ヘリウム白色矮星を探査した。その結果、水素は、汚染された白色矮星内の方が、そうでない白色矮星の２倍の豊富さであることを発見した。

　このような水素の豊富な白色矮星が、水の豊富な天体が生き残るただ１つのサインならばどうか。GD61と同様に、小惑星、あるいはカイパーベルト天体は、死んだ恒星にぶつかって行くかもしれない。しかし、酸素、炭素、窒素、そして他の全ての元素が、最終的に大気を通って沈んで行くとき、その水素がいつまでも残るだろう。時間経過とともに、それは積み上げられ、異常なまでに厚い水素大気を持った白色矮星になる。

　惑星の破片を飲み込むことが、ヘリウム白色矮星において、水素の唯一の根源ではない。多くの白色矮星は、原始的水素大気の痕跡をおそらく保有している。しかし、その惑星の破片は、間違いなく重要な根源になっている。それらの相当量は、この膠着イベントを経験したようだ。

　さらに手がかりを与える破片のディスクはないので、汚染されていない、水素が豊富なヘリウム白色矮星が、２、３の大きな惑星級の天体、あるいは数十億年間生き続けた大量のちっぽけな小惑星を、貪り食ったかどうかを見るのは不可能である。

　依然として、その研究は、大きい、あるいは小さい水の豊富な微惑星は、他の惑星系でもたくさんあることを明らかにしたようだ。何故なら、太陽系において、水は至る所にあり、それらのいくつかの場所は、予想されていなかったことを我々は知っているからだ。結局、水は、永久に日の当たらない水星のクレーター内にも発見された。そして、木星や土星の衛星のずっと内部、そして、多分、冥王星の氷状の表面の下にもあるようだ。

## 水をテストする

　だから、生きている世界を理解することが、挑戦として残っている中で、死んだ惑星も、ゆっくりとその秘密を明かしている。そして、実際、それらの秘密は、非常に水が多いことを示すようだ。

　水は、惑星系の一般的な構成物質であるようだという証拠はある。その惑星系は、母星がその生涯を閉じる最後の瞬間まで進化していたようだ。

　水は、稀なものではない。白色矮星が、岩石を付着しているときはいつでも、水も付着している。それは少量ではあるが、いろいろなところで起こっている。

　水は、死んだ世界だけに豊富であるばかりでなく、生きている世界でも豊富であるならば、可能性のある生命生存可能領域にある天体を探査することに対して、それは良いニュースだろう。生きている世界の周りにある惑星も、また、小惑星、ある

いは彗星から水を受け取り、その生涯を閉じるまで、その水を保有する。

　岩石でできた惑星が、生命生存可能領域で形成されたならば、最初は生命生存可能でなくとも、物質を運び込み、生命生存可能にする十分な量の水を保有した天体になる。太陽系で起こったその種の話は、他の惑星系でも同様に起こっている可能性がある。

# 第7章　銀河中心探査

NASA の高エネルギー X 線を観測するための Nuclear Spectroscopic Telescope Array（NuSTAR：X線望遠鏡群）が、ミルキーウェイ銀河の中心にある巨大質量ブラックホールから、隠れた秘密を明らかにしつつある。

NuSTAR の最も興味深い発見の幾つかは、ミルキーウェイ銀河の中心にあった。巨大質量ブラックホールを取り巻く200光年から300光年の地域の中で、天文学者は、宇宙における最も極端な天体の幾つかを探査した。

## ブラックホール実験室

ミルキーウェイ銀河中心の最も魅力あるものは、太陽質量の400万倍以上の質量をもつブラックホールである。射手座 A スターと呼ばれているこのブラックホールも、他のブラックホールのように、直接目で見ることはできない。それでも、天文学者は、それが存在することを知っている。何故なら、そのブラックホールが、それを回る近隣の星の軌道を制御しているからである。そして、天文学者は、物質がその重力排水管を巡回し、スナックとして飲み込まれるときの放射線バーストを観測した。

しかし、射手座 A スターとそれを発見するために使われた

恒星が、ただ単にミルキーウェイ銀河の中心にあるわけではない。夜空の約 45′ × 45′ の領域、あるいは一方のサイドが約230光年の領域が、数千の天体を含んでいる。恒星から成る高密度の核、高温の磁気を帯びたガスのフィラメント、低温のガスと塵から成る雲、そして死んだ大質量星の飛び散った破片のすべてが、この巨大質量ブラックホールの周りに詰め込まれている。

　天文学者は、銀河の中心を見て、宇宙における最も極端な環境の1つを探究する。だから、その地域が、NuSTAR の主要ターゲットの1つであることに驚きはない。

　この望遠鏡群は、最もエネルギーの高いX線を探知する。そのようなX線を天文学者は、硬X線と呼んでいる。特に、NuSTAR は、可視光のエネルギーより数千倍高いエネルギーをもつ光子を集める。そして、この高エネルギー光子を電気信号に変換する。

　しかし、NuSTAR は、実際、非常に単純な天文台である。科学者は、ターゲットに向かって望遠鏡群を向け、それらの探知器の上にその光を収集する。その集めた光の中で、彼らは、夜空の写真を撮り、視野内にあるあらゆるものに対して、エネルギースペクトルを採り、各光子がその探知器に落ちたときについて、特別なタイミングの情報を得る。エネルギースペクトルとは、各色の強度である。

　各観測に対して、このように多くの情報を集めるという機能が、NuSTAR 関係科学者にとって重要であった。特に、ブラックホールのように素早く変化するターゲットを研究する

ときが、そうであった。ミルキーウェイ銀河中心における、NuSTAR の主要な発見の幾つかは、このデータ収集のお陰であった。

　なお、射手座Ａスターについては、拙書『ブラックホールの実体』第3部「銀河とブラックホール」第2章「射手座Ａスター」で詳しく述べているので、参考にされたい。また、射手座Ａスターの写真が表紙である。


## 光輝なフレアー

　ミルキーウェイ銀河の巨大質量ブラックホールが、頻繁にエネルギー放射をした。チャンドラＸ線望遠鏡は、1999年、射手座Ａスターからの最初のフレアーを観測した。それ以来、天文学者は、赤外線で平均1日2回、低いエネルギーの軟Ｘ線で毎日1回、ブラックホールのエネルギー噴出を観測してきた。しかし、彼らは依然として、何がこのようなフレアーの原因であるかについては、何も知らない。

　このような極端性にもかかわらず、ミルキーウェイ銀河の巨大質量ブラックホールは、近年、天文学者が注目した活動銀河と比較すると、比較的活動が弱い。しかし、その周辺は、すべての銀河核について学ぶのに、理想的な場所である。

　天文学者は、ミルキーウェイ銀河のブラックホールが、何故、このように信じられないほど微弱な源であるかを理論付けようとしている。これらの光輝な放射のフラッシュが、ブラックホールのすぐ側について、何か興味深いことのヒントになっ

ていると天文学者は考えている。彼らは、チャンドラX線望遠鏡を使って、これらのフレアーを研究している。

　今までに彼らが取得したデータは、多くの異なったシナリオにマッチする。それは、引き裂かれた岩石でできた天体から、絡んだり分かれたりする磁力線まで。原則的に、彼らのデータをチャンドラX線望遠鏡や他の天文台からのデータと結合するならば、このようなフレアーが形成されるメカニズムが何であるかを理論付けられると、NuSTAR によるミルキーウェイ銀河面探査のリーダーは考えている。このような噴出によるエネルギーの高さは、高エネルギーになるほど鋭く落ちるので、NuSTAR は一番光輝なフレアーがほしい。その巨大質量ブラックホールの状態が静かなとき、あるいは眠っているときの40倍以上のものが、厳格な解析に対して必要だと考えている。

　その天文学者は、少なくとも最初はラッキーだった。NuSTARの最初の4カ月間、その望遠鏡群は、そのブラックホールの基準線より約50倍光輝な2つの明るいフレアーと、明るさにおいては約20倍に近い、2つのかすかなフレアーを観測した。彼らは、さらに何度も、その望遠鏡群を射手座Aスターに向けたが、かすかなフレアーが見えただけだった。

　それらのフレアーの発見に関する複雑な状況の1つは、ミルキーウェイ銀河の中心には、他の迷惑な源があることである。この地域には、多くの二重星系が存在する。各二重星系は、中性子星と質量の小さい恒星を含んでいる。伴星が物質を中性子星の上に積み上げたとき、その物質は高温になり、X線を放射する。天文学者は、2003年以来、射手座Aスターからちょう

ど3光年のところに、これらの二重星系の1つがあることを知っていた。そして、2013年5月、この天体がよく見えるようになった。

　幸運にも、このようなX線を出す二重星系は、間欠的にX線を出し、再び、静かな状態に戻る。それが静かな状態に戻ったとき、NuSTAR科学者は、射手座Aスターに戻って、それをよく見て、補足的なフレアーを観測することができる。その時まで彼らは待つ必要がある。

　そのときまで、科学者は、射手座Aスターの過去のフレアーのエコーを探している。分子雲と呼ばれる大きな近隣のガスと塵の塊が、以前のフレアーからのX線を反射する。その反射された光が、射手座Aスターから地球までの長い道のりをとる。だから、天文学者は、10年から1世紀後に、この光のエコーを見ることになる。チャンドラX線望遠鏡と他の天文台からのデータを調査することによって、科学者は、最近、そのブラックホールが、数回の大きなフレアー、あるいは100年前に巨大なフレアーを出したことに気づいた。

　射手座Aスターの活動は、現在、異常なくらい静かである。しかし、過去は、もっと活動的だったと考えられている。


## マ グネターの発見

　光輝なフレアーは、NuSTARがミルキーウェイ銀河の中心で見た、ただ1つの驚くべきことではなかった。2013年4月24日、別のNASAのスウィフト宇宙望遠鏡が、硬X線とガンマ

線のバーストを夜空に見つけた。そのスウィフト宇宙望遠鏡が、同じ位置に光輝なX線フレアーを探知した。

　高エネルギーを研究する天体物理学者は、このシグナルは、G2と呼ばれている塵の多いガス雲が、その巨大質量ブラックホールと相互作用している証しであることを期待した。2011年終盤に発見されたこの天体は、矛盾する特質をもっていた。幾人かの科学者は、恒星を保有するガス雲であると考え、別の科学者は、単なる雲であると信じている。

　G2が何であれ、それは、2014年初頭、そのブラックホールに最接近した。それが、射手座Aスターからの距離が、地球と太陽の距離の約240倍まで来たとき、天文学者は、G2がそのブラックホールの重力によって引き裂かれる前に、ショックを感じ光ると予想した。だから、彼らは、この相互作用の最初のサインを観測するために、X線、電波、そして赤外線望遠鏡をミルキーウェイ銀河の中心に向け続けた。スウィフト宇宙望遠鏡が、ミルキーウェイ銀河の中心で探知された最も光輝なフレアーをキャッチしたとき、天文学者は、今にもG2のショーを見られるという陶酔の境地にあった。

　2日後、NuSTARが、その仕事に就いた。その硬X線望遠鏡群は、3.76秒の間隔をおいて起こるX線バーストを探知した。スウィフト宇宙望遠鏡が見た噴出は、G2の相互作用の結果ではなく、マグネターと呼ばれる中性子星の極めて磁気の強いタイプの天体から出ていたサインであった。マグネターと呼ばれる中性子星は、比較的ゆっくりスピンする。各自転を完了するのに、約2秒から12秒を要する。

　決定的な証拠は、そのパルスの期間内に、小さい変化を測定したときにきた。この変化をスピンダウン率という。その期間と結合したスピンダウン率から、その中性子星の磁場の強さを推定できる。

　マグネターは、宇宙において最も磁場の強い天体である。それらは、普通の中性子星の磁場の数百倍から数千倍強い磁場を持っている。これは、地球磁場の1兆倍である。これらの極端に強い磁場は不安定で、ひび割れやマグネター表面のシフトを起こす。それがエネルギーを噴出する。マグネター表面上のひび割れ場所が、視野の中へ回転して来る毎に、望遠鏡は、そのエネルギーを探知する。

　今までのところ、天文学者は、このような磁場の強い怪物であるマグネターを28個発見している。ふつう、大きなエネルギー噴出のすぐ後に発見している。NuSTAR によって発見された3.75秒のスピン周期から、電波天文学者は、ミルキーウェイ銀河の中心に向かって目を向けた。そして、また、SGR J1745-2900 と呼ばれるマグネターを探知した。この観測には、大きな驚きがあった。何故なら、科学者は、何年もの間、射手座Aスターの周りを回った電波パルスする中性子星を探していたからである。このような天体は、一般相対性理論をテストする絶好の道具になり、そのブラックホールの質量を正確に測定できるからである。

　なお、マグネターについては、拙書『ブラックホールの実体』第2部「ブラックホール探究」第3章「パルサー」の「マグネター」「若いマグネター発見」で詳しく述べているので、

参考にされたい。


## 恒星の墓場か？

　新しい望遠鏡が、天文学者に与えることができる最高の贈り物の１つは、予期しなかった発見である。そして、それが、NuSTAR が正確に行ったことである。

　ミルキーウェイ銀河中心部で、Ｘ線放射を行う天体の大部分は、ただ軟Ｘ線を放射している。例えば、チャンドラＸ線望遠鏡やヨーロッパの XMM ニュートン望遠鏡は、ミルキーウェイ銀河の中心地域で、軟Ｘ線の煙霧を探知した。この軟Ｘ線煙霧からの光は、高エネルギーではなかった。天文学者は、この煙霧が何であるかを解明していないが、最も可能性の高い源は、数千個の白色矮星の結合した閃光である。白色矮星は、かつて太陽のような恒星の輝く核で、その核は、伴星から物質を盗み出している。これらの白色矮星の各々は、地球サイズの球体に、太陽質量の約半分の質量を保持している。

　稀な銀河中心部天体を研究している天文学者がいる。そのような稀な天体は、高エネルギーＸ線を放射するものである。この天文学者は、射手座 A スターの周りの13×26光年内に、光輝な煙霧を発見した。しかし、それは、ガスのように分散していないようだった。

　彼らは、この新しく発見した放射について、４つの可能性のある源を考えている。しかし、どれも完全にフィットしなかった。４つの理論の内３つは、二重星系内にコンパクトな天

体を含んでいる。そのコンパクトな天体が、近隣から物質を剥ぎ取っている。その物質が蓄積されたとき、それに点火されX線で輝くようだ。それは、射手座Aスターフレアーを探すX線科学者の目標とする天体のようである。銀河中心部は、このような二重星系が、非常にたくさん存在するようなので、NuSTARは、それらの個々のものを解明できず、霧のように、それらを見ているようである。

　このような興味深い可能性の1つは、中性子星と恒星質量ブラックホールの豊富さである。しかしながら、スウィフト宇宙望遠鏡は、過去9年半の間、ほぼ毎日、ミルキーウェイ銀河の中心を凝視してきた。そして、それは、射手座Aスターの近くに、2、3のこのようなシステムを見ただけだった。しかし、その天文学者は、そのようなものが、約千個隠れていると予測している。

　この硬X線放射の4番目の可能性のある源は、射手座Aスターに非常に近い地域から流れる高エネルギー物質である。これは、ブラックホールからの光輝なフレアーであるかもしれない。そして、その光は、近隣の密度の高い分子雲物質と相互作用している。この源についての問題は、その分子雲の幾何的位置が、NuSTARが見た放射の位置と全く一致しないことである。

　このような状況は、たぶん、最も興味のある問題を指しているようだ。それが死ぬとき、ブラックホールを形成する恒星に対して、その恒星は、極端に質量が大きい状態でスタートする必要がある。それは、少なくとも太陽質量の30倍である。そ

のように多くの大質量星が、如何にして、ミルキーウェイ銀河の中心近くに来たか。そして、何故、他のどのX線望遠鏡も、その地域の2、3のブラックホール二重星系以外を見なかったか。

そこで、科学者は、NuSTARを使って、その点の源1つずつの個々の恒星を調べるようにチェックした。それらの点源は、ミルキーウェイ銀河中心から北へ約15′、つまり約115光年のところである。彼らは、それらの解析した源のスペクトルの特徴をその放射と比較する予定である。

結局、これは、信じられないような位置の研究である。ミルキーウェイ銀河中心は、高エネルギーX線で見ると、ほんとうに興味深いところであるようだ。何故なら、X線で輝くことができるあらゆるものが、そこにあるからであると専門家は言う。


## 超 新星爆発は対照的か？

NuSTARの当初のミッション期間は、2012年8月から2014年秋までであった。そして、4つの科学的主目的をもっていた。1つは、ミルキーウェイの中心にあるブラックホールを研究することであった。もう1つは、大質量星が、その生涯の最後に、超新星爆発としてどのように爆発するかを理解することであった。天文学者は、スーパーコンピュータで、これらの恒星の爆発をシミュレーションしようとしたが、長い間、問題があった。それらの恒星は、爆発しなかった。彼らは、超新星爆

発は対称的であると仮定していた。しかし、たぶん、そうではないようだ。

このような爆発が、実際、対称的であるかどうかを見つけるために、NuSTAR 科学者は、超新星爆発時の高温と高圧力で生成された物質である、チタニウム44を探した。チタニウム44は、放射性元素で、それは、それが異なった元素へ崩壊するとき、軽い光子の形でエネルギーとともに電子の反粒子を放出する。それらの光子は、独特のエネルギー、あるいは色をもっていて、それらの2つは、NuSTAR の探知可能域にあった。

NuSTAR は、2012年と2013年に、約120万秒の間、若い超新星爆発残骸であるカシオペア A を凝視した。Caltech 研究者は、チタニウム44の位置を解析したとき、超新星爆発残骸全体で、非対称的に広がっているのを発見した。

# 第8章　フェルミバブル

## フェルミバブル

　奇妙な砂時計のような突出物が、ミルキーウェイ銀河中心の上下に、約25,000光年の長さで広がっている。これは、2010年、Fermi Gamma-ray Space Telescope（フェルミガンマ線宇宙望遠鏡）によって発見された巨大な泡状の構造であり、強烈なガンマ線を放射している。ウィキペディアでフェルミバブルを調べてもらうと、概要を見ることができる。

　プリンストンの天体物理学のポスドクであるダグラス・フィンクバイナーは、高エネルギー天体物理学からは門外漢である。彼の専門は塵、特に銀河に関する塵で、そのマイクロ波放射を研究している。しかし、その異なった見地によって、フィンクバイナーとその研究者仲間は、フェルミバブルと呼ばれているミルキーウェイ銀河内の4つの大きい構造の1つを発見した。

　これらの巨大な風船のようなものが、ミルキーウェイ銀河中心の両側へ、それぞれ25,000光年の彼方まで達している。その風船のような構造は、6年以上前に発見されているが、それらはミステリーを残している。

　天体物理学者は、何がこのようなものを創り出したかを説明できない。彼らは、どのくらい前に、このようなバブルが形成

されたかに絞り込んできた。そして、それらの構成物質を分類し始めている。すぐに、研究者は、さらに詳しく調べるために、別の天文台を使い始めた。

　しかし、フェルミバブルは、ミルキーウェイ銀河の中心付近の、幾つかの過去の猛烈な活動の証拠であることは、すでに明らかである。高エネルギー粒子の動きが、ガンマ線とマイクロ波でこれらの構造を描いた。


## フェルミバブル発見

　2003年、フィンクバイナーが初めて、Wilkinson Microwave Anisotropy Probe（WMAP：ウィルキンソンマイクロ波非等方性探査機）からのデータに、特別な信号を見た。それは、その探査機が、ビッグバン残照放射に対して、夜空を探査したときであった。彼はまず、ミルキーウェイ銀河の内部の多くの異なったマイクロ波放射の源を控除し、残りの信号を保持した。そして、彼の探しているものを「マイクロ波煙霧」と呼んだ。

　彼は、WMAPデータに没頭し、マイクロ波煙霧を探した。磁場は、ミルキーウェイ銀河に織り込まれている。そして、それらを通って動くどの電子も、それらの磁力線の周りを螺旋状に進む。もし、その電子が十分に速く動いていて、その磁場が十分に強いならば、その電子は螺旋状に動くとき、遅くなり、マイクロ波を放射する。

　それらの同じ高エネルギー電子も、また、インバース・コンプトン効果と呼ばれるプロセスで、ガンマ線放射を引き出すこ

とができる。恒星によって生成された電子のような周囲の光子は、それらの電子に出会ったとき、その電子は、持っているエネルギーのいくらかをその光子に提供できる。それが、光子のエネルギーをガンマ線レベルまで増強する。

フェルミガンマ線宇宙望遠鏡は、2008年6月に打ち上げられた。フェルミ宇宙望遠鏡関係科学者チームは、2009年秋、最初の年のデータを一般公開した。そこで、フィンクバイナー科学者グループは、異常なまでに最新版をチェックし、そのデータから得たものをモデル化した。そして、彼らはガンマ線煙霧を発見した。

その科学者たちは、彼らのフェルミ煙霧の発見を『アストロフィジカルジャーナル』2010年6月号で発表した。しかし、彼らがその論文に取り組んでいるとき、彼らは信号の幽霊を見た。それは、銀河平面に行ったとき、何もないところへ消えていく分散する不明瞭な斑点ではなかった。それは、鋭い端をもっていて、砂時計の形をしていた。

その放射が、実際に構造を限定するならば、それはさらに大きな発見であった。しかし、フェルミ宇宙望遠鏡関係科学者チームを含む多くの科学者は、その煙霧が存在することを疑った。

批評は、その研究者が夜空で、ガンマ線放射の他の源を見落としたと推測した。だから、フィンクバイナー科学者グループは、それらの背景にあるモデルを改善しようとした。そして、彼らは疑惑を抱く人から信じる人に変わった。それは、彼らがはっきりしたバブル構造を発見したときであった。

　ミルキーウェイ銀河の両サイドに、25,000光年の高さのガンマ線放射の風船のようなものがある。これらの巨大な構造物が、最終的にフェルミガンマ線宇宙望遠鏡データの中で発見されたので、科学者はそれらに「フェルミバブル」という名前を付けた。それは、ミルキーウェイ銀河の中心で、巨大な泡を膨らませた何かのように見える。しかし、それは実際何物で、いつできたのか。2014年、その発見が、フィンクバイナーを含む多くの研究者に、高エネルギー天体物理学のトップ賞であるブルーノ・ロッシ賞をもたらした。


## ジェット対スター

　しかし、見た感じ、フェルミバブルははっきりした端を持たない。この特徴が、その泡の原因となるものの手がかりを与えている。「粒子を放任すると、一般的に、少し滑らかに外部へ分散する。鋭い端があるならば、それは、ガンマ線を創っているものが何であろうと、それが、その端で突然カットすることを暗示する」と言う科学者がいる。そこで、次の2つの考え方が出た。

　1つは、その泡の端は、衝撃波面によって引き起こされる。それは、音速で飛ぶジェット機によってつくられる空気の弓状の特徴に似ている。

　これら衝撃波面、あるいは磁場の最も確実な源は、ミルキーウェイ銀河中心からの流出である。これらの流出は、巨大質量ブラックホールが近隣の物質を捕食した後、そのブラックホー

ルから出る巨大なジェットであるようだ。それらは、宇宙全体に広がる大きな銀河の中心で見られるもののようである。

　天文学者は、他のブラックホールから急速に流出するジェットの中で、その物質は、毎時数百キロメートルで動くことを知っている。そのジェットが近隣のガスに衝突したとき、その接触点は多くの現象を示す。その現象には、蓄積されるエネルギー、ライトアップするガス、そしてそれを衝撃波面へ圧縮することが含まれる。

　別の考え方は、次のようである。その泡は、ミルキーウェイ銀河の核付近の大質量星形成バーストから来るようだ。それは、エネルギーの2倍の容量を与えるので、その泡を膨張させる。最初は、それらの大質量星が生存中に恒星風を放射したときに来て、次に、それらの大質量星が死んだとき、超新星爆発として、それらが爆発したときに来る。

　しかし、この分野の天文学者の意見は、2つに分かれている。フィンクバイナー研究者グループは、その泡構造を発見して以来、ジェットによるシナリオを支持している。


## 紫 外線を使うと

　このような引き分け状態を打破するために、天文学者は紫外線に目を向けた。Space Telescope Science Institute（宇宙望遠鏡科学センター）の研究者仲間は、活動銀河核（AGN）と呼ばれている活動銀河の光輝な中心を使っている。それは、小さい部分を見るために、その活動銀河核をフェルミバブルの背後に

置いたスポットライトとしている。光がハッブル宇宙望遠鏡へ届く道筋で、ガス状のバブルを通ったとき、そのガスはその光に名刺を銘記する。

　その天文学者は、各活動銀河核の光を色、あるいは波長の範囲に分割する。異なった元素が、異なった特有の波長で光を吸収する。だから、科学者は、そのバブルの中のものを見ることができる。彼らは、そこで、硅素と炭素の原子を見つけた。これらの元素は、大質量星の核で生成される。それは、バブルの内部の物質が、恒星を通してプロセスされたに違いないことを意味するようだ。

　しかし、それらの波長は、また、他のものも明らかにできる。それは、そのガスが我々に向かっているか、あるいは遠ざかっているのかがわかる。このテクニックを使って、ガスがフェルミバブル内の異なった位置で、どのくらい速く動いているかを正確に計測できる。

　これらの新発見の速度、バブル内の光輝な手がかりの位置、そして、幾つかの基本幾何学を使って、その構造内の物質は、形成されてから約200万年から400万年経過していると計算した。だから、これらのバブルをつくったものが何であろうと、それらは比較的近年にできたことになる。

　今までのところ天文学者は、北部銀河半球の背後に10個の活動銀河核を見つけた。そのうちの4個は、銀河の中心から上部のラインに沿ったところにあり、残りの6個は外部にある。これは、4つの異なった場所で、その物質の動きを見ることができることを意味する。フェルミバブル内を見ようとする

とき、そのガスは減速し、スローダウンすることを見ることができるが、何がそのガスをスローダウンさせているかは謎である。

彼らは、また、ガンマ線とマイクロ波放射が、25,000光年の外側で突然止まるとき、この流れる物質も突然止まることを発見した。

彼らの研究の次の段階は、南部のバブルを研究することである。それは、さらに困難である。そこには、次のような理由がある。太陽系はミルキーウェイ銀河中心を公転しているが、それは地球が太陽の周りを公転するように、公転平面上を公転しているのではなく、メリーゴーラウンドの馬のように上下動しながら公転している。そして、現在、銀河平面から上に上がったところにいる。だから、南半球の夜空の方が、ミルキーウェイ銀河中心がよく見える。これは、さらに多くの物質がその方向にあることを意味する。するとそれらの物質が、データを汚染する。その物質は、例えば、マゼラン雲からミルキーウェイ銀河へ引っ張り込まれているマゼラニックストリームの物質である。介在する物質から、２つのバブル信号を切り離すことは、余分の時間と注意を必要とするからである。


## X 線因子

2003年に見られたマイクロ波煙霧が、フェルミバブルの最初のヒントであったことを誰も確信しなかった。1990年に打ち上げられた ROentgen SATellite（ROSAT：レントゲン探査機）

からの X 線データに焦点を絞ったところ、ミルキーウェイ銀河核に中心をもつ 8 文字型の外形を発見した。しかし、当初、その信号を前方にある恒星の四散する外郭から来るものと解釈していた。

　もっと最近の X 線観測所 XMM ニュートン望遠鏡は、そのはっきりしないバブルの端を探知した。しかし、その構造の源を絞り込むのに、十分なデータをまだ取得していないようだ。

　その形状は少しゆがんでいるけれど、これらの風船のような構造は、また、電波によっても浮かび上がる。オーストラリアのパークス電波望遠鏡を使った観測によって、フェルミバブルをキャッチし、これらの構造の磁場の強さと、その中に含まれるエネルギーを計測した。その結果、約 1,000 万年に亘る爆発した大質量星の複数の世代が、その電波観測結果に非常によくマッチするようだった。

　そのアイデアは、大質量星が超新星爆発したとき、超音波で外部へ動く物質は、磁力線に織り交ぜられた衝撃波を生成するというものである。その衝撃波は、電子をすべて拾い上げ、それらをさらに高いエネルギーに加速する。

## 目 で見えるバブル

　天文学者は、実際に、何がフェルミバルブを形成したかを見るために、200 万年から 300 万年時間を遡ることはできない。だから、理論天文学者は、コンピュータシミュレーションを行っている。それは、異なった可能性のあるプロセスをモデル

化している。これらのモデルは、科学者に観測からだけでは得られない見地を提供している。そのモデルは、ガンマ線、マイクロ波、電波、そしてX線の中で、そのバブルの端、形状、そしてサイズにマッチしなければならない。

　フェルミバブルの複雑な3Dコンピュータシミュレーションを作ることに没頭した天文学者グループがいた。その科学者グループは、約100万年前の、ミルキーウェイ銀河中心の巨大質量ブラックホールから発するジェットを見た。これらのジェットは、高エネルギー電子をミルキーウェイ銀河中心から、その上、あるいは下の15,000光年から30,000光年のところまで運んだ。そのモデルは、鋭いガンマ線の端を持つとともに、フェルミバブルと同じサイズで同じ形状のものを創り出した。
「我々のコンピュータシミュレーションは、スムーズなバブル表面、その観測されたバブルの一様な表面光度、そして、そのバブルを取り巻くROSATX線アークを再生した」とその科学者グループの一員は言う。彼らのモデルもまた、マイクロ波と電波放射にもマッチしている。

　しかし、その科学者グループ、あるいは他の科学者チームからの、どのコンピュータシミュレーションも、すべての観測結果にマッチしているわけではない。さらに観測する必要があるようだ。

## データを待つ

　現在、フェルミバブルについて、その源は、ミルキーウェ

イ銀河中心にある巨大質量ブラックホール射手座Ａスターからのジェットであるか、あるいは銀河中心部に大量にある大質量星の超新星爆発残骸であるか、そのいずれかであるようだ。しかし、別の原因があるかもしれない。それを知るためには、最新の望遠鏡が必要になる。その1つが、ROSATの次にくる extended ROentgen Survey with an Imaging Telescope Array（eROSITA：広域レントゲン探査画像望遠鏡群）のようだ。この最新の望遠鏡群からのデータで、真相解明に一歩近づけるのではないだろうか。

　逆に、上記の2つの可能性のいずれかであるとすると、フェルミバブルの研究から、ブラックホールのジェット、あるいは大質量星の超新星爆発について、さらに多くのことが学べるだろう。

　なお、拙書『ブラックホールの実体』で、ブラックホールについて詳しく解説しているので、参考にしていただきたい。同時に、ブラックホールには超新星爆発が大きく関係するので、超新星爆発についても詳しく述べている。

# 第9章　銀河内の奇妙な天体

　天文学者は近年、規則破りの、模範破りの、標識無視の研究の旋風に晒されてきた。それは、全く考えられない天体の集団である「宇宙のホームレス」に焦点を絞っている。

　ハッブル宇宙望遠鏡が、あるべきでないところにある星を探知することを始めたのは、1996年だった。それは、銀河の重力的束縛を受けないで彷徨う星だった。2年後、天文学者は、最初の疑わしい彷徨う惑星を確認した。それは、公転する母星がなく、漂流している天体だった。

　その時以来、天文学者は、さらに12個の可能性のある彷徨う惑星、2個の星間天体、そして、ミルキーウェイ銀河からアンドロメダ銀河に向かって延びる、数百個の彷徨う恒星を発見した。

　これらの群れから離れた天体は、それをホームと呼ぶ「系」によって、天体を分類する天文学者の伝統的な手法をひっくり返した。その手法は、衛星は惑星に属し、惑星はその恒星に属し、恒星は銀河に属し、というように進んでいくものである。

　天文学者は、今日、これらの階層的カテゴリーを超えて考え、惑星を持たない衛星、恒星に属さない惑星、そして銀河に属さない恒星、あるいはブラックホールに、宇宙は満ちているという構想を持っている。幸い、新世代の宇宙望遠鏡と地上の望遠鏡は、これらの謎を解くために用意されている。

# 星間空間からの訪問者

　最近の発見の2つは、太陽系内でなされた。最初は、1I/ 2017 U1（オウムアムア）で、これは、ハワイの Pan-STARRS telescope（パンスターズ望遠鏡）によって、2017年10月に探知された。次は、2I/ ボリソフで、2019年8月、クリミア人アマチュア天文学者に最初に発見され、その名前が付けられた。両方とも、前例のないもので、太陽系を超えたところからの、最初に知られた訪問者になった。

　外見上、ボリソフは、太陽系内でできた彗星と同様のサイズと性質を持っていて、比較的馴染み深く見えた。しかし、1つの大きな相違は、その速度と軌道だった。それは秒速32kmで動き、双曲線軌道をとっていた。この特質の組み合わせが、それは太陽系外部から来たことを意味した。それはあまりにも高速で動いたため、重力的に太陽には捕らえられなかった。そして、オウムアムアも同様であるが、その双曲線軌道が、太陽系を起源としなくて、最終的に太陽系から出ることを意味した。

　一方、オウムアムアは、あらゆる面でユニークだった。それは葉巻のような形状で、その幅の6倍の長さがあった。それはまた、ボリソフよりはるかに遅く動いていた。太陽系との比較的短い遭遇の後、太陽系から脱出するだけの十分な速度を持っていた。4時間毎に、それは12倍まで輝いたり暗くなったりした。これは宇宙空間を転げまくっていたことを暗示し、コインのように太陽光の反射のキラメキが、銀河全体に投げられた。

彗星のコマの欠乏が、それは岩石でできた小惑星であること
を意味した。しかし、それが太陽から素早く離れるとき、何か
謎めいたことが起こった。それは加速した。天文学者は、こ
れは彗星のガス抜きが牽引である可能性が高いと結論付けた。
凍ったガスのジェット噴射は、太陽による加熱で行われた。し
かし、これが真実ならば、コマとして知られているガスと塵、
両方の目に見える光輪をつくったはずだ。そして、オウムアム
アは転がる速度を増したはずである。

## オゥムアムア

　オウムアムアは彗星か、小惑星か、あるいは他の何かか。そ
れが太陽の周りに突進した後40日で、太陽系から出る方向に
来るまで発見されなかったので、天文学者は、その振る舞いに
ついて役立つ情報は得ていない。

　幾人かは、オウムアムアは宇宙人の宇宙船か、ソーラーセイ
ルであった可能性があると提案した。ソーラーセイルとは、人
工衛星の姿勢安定や推進用に太陽光の圧力を利用するための帆
をいう。大部分の天文学者は、これらの両方の理論を否定し
た。何故ならば、電波信号が全く探知されず、オウムアムアの
フットボール状の長さは、その観測された加速を生むために
は、紙のように薄い帆であることが要求されるからだ。

　他の研究者は、もっと自然な説明をした。オウムアムアが回
転して直接太陽光を受けたとき、片側の連続的な点に沿ってガ
スを発していた。これが振り子のように前後に揺さぶる原因

だったようで、その表面は、二者択一的に灼熱の太陽光の中と、凍りつく陰で加熱されたり冷却されたりした。

　つい最近では、同じ著者の幾人かが、6月の『アストロノミカルジャーナルレター』に論文を掲載した。そこでは、オウムアムアは水素の氷山であると提案した。星間空間水素分子氷（$H_2$）は、存在すると長い間考えられてきたが、一度も探知されたことはなかった。それは、非常に謎の多い物質であるので、幾人かの宇宙論学者は、かつての分子雲が、ダークマターの源として、その膨大な量を保有しているかもしれないと考えた。ダークマターは、ミルキーウェイ銀河も保有するものである。

　他のガスの噴出ならば、吹き出した大量の物質は容易に探知されたはずである。水素氷は、オウムアムアの奇妙な振る舞いをよく説明している。何故ならば、それは探知困難で、過給された燃料として役立つからである。

　水素分子はこの上ない加速を起こすもので、機能する窒素と他のものに対して、ほとんど完全に覆われた表面を必要とする。一方、水素に対しては、そこでの幾らかの凍った水素と、他の物質を持ったヌルヌルしたものが必要で、それらは、形成が非常に容易であると言われている。

　それは、また、オウムアムアの長さと破片のような形状をよく説明している。太陽が、光子によってそれを連打し始めたとき、オウムアムアの長軸に沿った表面は、さらに露出され素早く溶解したようだ。

　我々は、二度とオウムアムアを見ることはないだろう。そし

て、それが何であったかを正確に知ることもないだろう。しかし、ほんの2年間で、オウムアムアとボリソフを発見した偶然性は、我々が、それらに似たものの多くを見逃してきたヒントでもある。チリの山頂にオープンするヴェラ C. ルービン天文台は、2025年、フルパワーで稼働することを目指している。そのパワフルな望遠鏡は、世界最大の3,200メガピクセルカメラで、3夜ごとに全天をスキャンするように設計されている。そして、星間空間の侵入者や、地球近隣小惑星のような太陽系内の天体とともに、超新星爆発やガンマ線バーストのような、もっと遠方の現象も発見することができるだろう。

オウムアムアの起源については、次のように考えられている。オウムアムアは、宇宙の極端に凍ったところ、つまり分子雲で生まれた。−270℃という絶対零度の少し上の温度で、突然の氷の蒸発を妨げるだけの十分な圧力で浮かんでいる分子雲は、水素が豊富で、十分温度が低いので、凍りついて大きな塵粒子の周りで塊になると考えられている。

しかし、これに異議を唱えるアイデアは、オウムアムアは、一番近い巨大な分子雲から移動するために、数十億年費やした。それがあまりに長かったので、水素氷の塊が、緩やかに昇華しなかった可能性があるという。昇華は、氷という固体から直接ガスに変換することをいう。

その代わり、水素氷シナリオが正しいとすると、オウムアムアは、近隣で生まれた非常に若い天体でなければならない。昨年、オウムアムアは1億年弱前に、我々を取り巻く若い恒星が、今にも合体するところで形成されたようだと提案された。

この解析では、近隣の恒星と比較して、オウムアムアの遅い速度に依存しているという。近隣の恒星は、我々がミルキーウェイ銀河の中心を公転するとき、現在、通り過ぎている恒星である。言い換えると、我々はオウムアムアの邪魔をしたようだ。

## 惑星が彷徨うようになる

　NASA が計画したナンシー・グレース・ローマン宇宙望遠鏡が、別種の遊牧民探査を始める。それらは、彷徨う惑星、あるいは母星を持たない惑星である。ローマン宇宙望遠鏡は、ハッブル宇宙望遠鏡の解像度に匹敵する。さらにハッブルの100倍の広角度をカバーし、深遠まで赤外線で見ることができて、銀河空間の塵とガスをカットできる。

　その宇宙望遠鏡は、基本的には太陽系外惑星、ダークエネルギー、そしてダークマターを探査する。しかし、最近の研究によると、ローマン宇宙望遠鏡は、驚嘆に値するような何かを発見できる可能性があるという。それは肉眼で見える恒星よりも多くの、彷徨う惑星で満たされた銀河であるからだ。

　オウムアムアの探知が、極端に小質量の彷徨う天体が、太陽系の中や外を浮遊している可能性があることを示している。そして、我々は、ちょうど今、それらを探知するテクノロジーを持っているという天文学者がいる。

　ローマン宇宙望遠鏡について最も興味深いことの１つが、それは冥王星くらいの光度を持った彷徨う惑星を探知できることである。その望遠鏡が使うテクニックは、重力レンズ効果と呼

ばれている。それは、すでに地上の天文台で使われていて、少数の彷徨う惑星らしきものを確認している。重力レンズ効果は、1世紀前にアインシュタインが予測した現象を利用している。大質量の重力場は、その背後から出た光を曲げ増強する。この場合、惑星が、さらに遠くにある星の前を通過するとき、その星の増強された明るさが、天文学者にレンズ現象の警告を発する。その現象の長さが、惑星の質量、あるいは、いわゆるレンズを明らかにする。

Optical Gravitational Lensing Experiment（OGLE：光学的重力レンズ測定）は、チリにある1.3m望遠鏡を使って、このような現象を探している。普通、数日続く観測現象のほとんどが、星によって引き起こされ、彷徨う惑星に関係するマイクロレンズ現象は、ほとんど2、3時間の時間幅であるようだ。

最近掲載されたOGLE科学者チームの論文の中で、地球よりも小さい彷徨う天体候補を発見したと報告している。それは、記録破りのちょうど41.5分のマイクロレンズ効果であった。OGLE科学者チームは、惑星の質量は、マイクロレンズ現象の長さだけではなく、観測されたライトカーブの形状にもよると推測している。ライトカーブは、背後の星の光度が時間とともに、どのように変化するかを示している。ローマン宇宙望遠鏡と地上のルービン天文台による未来の観測と結合から、科学者は、三角法で距離を計算し、もっと正確な推定質量を得ることができる。その科学者チームは、この特別な太陽系外惑星は、ただ漂流しているだけか、あるいは母星からの距離が、太陽と地球の距離の8倍のところにあるかのどちらかであると考

えている。

　なお、OGLE については、拙書『地球の影』第8章「宇宙をさまよう惑星」で述べているので、詳しく知りたい読者は、そちらを参照されたい。

　天文学者は、数種の方法で彷徨う惑星を説明しようとした。1つの方法は、彷徨う惑星は、母星が赤色巨星に変貌したとき、その恒星によって置き去りにされた孤児だという説明である。それらの母星が、外部層を吹き飛ばしたとき、それらは質量を失い、最も遠くの惑星も重力の拘束を失う。海王星と天王星は、太陽がその生涯の最終段階に入ったとき、この運命を共に受けるだろうと言われている。別のシナリオは、近くを通過する星が、惑星の軌道に影響を与え、母星の遠いところの保護から広く大きな軌道に乗せて、最終的に漂流させることを提案している。3つ目の説明は、彷徨う惑星は、若い時代に母星の重力から離れ、もっと質量の大きい兄弟惑星に圧倒され、兄弟惑星たちが、母星の周りの物質を付着することを競い合うとき、宇宙空間に放り出されたという。

　彷徨う惑星のように見える幾つかの天体は、実際には死ぬ寸前の褐色矮星かもしれない。褐色矮星は、恒星になりそこなった星で、全ての重水素燃料を使い果たして、十分な圧力と熱を生成できなくなり、他の核反応も始められなかった星である。当初、重水素を核反応するために、少なくとも木星質量の13倍の質量が必要なこのような褐色矮星は、それらの質量を保持するために必要な放射圧力を失ったとき、温度を下げ収縮する。

記録上、最も温度の低い褐色矮星は、−23℃付近で、そのほとんどは、地球表面より温度が低い。だから、それは実際に惑星か、あるいは褐色矮星か。それが、天文学者の中の大論争であるようだ。

そして、彷徨う惑星候補を挙げたリストにもかかわらず、放浪生活者であるか、あるいは遠方の母星を回る紛らわしく広い軌道上にあるのかを確かめることはまだできない。それは、次世代の巨大な30m望遠鏡が、数年後にオンラインになるまで待たなければならないようだ。


## プルーネット

惑星が彷徨うようになるとき、それらの衛星はどうか。その探査は、惑星系内の彷徨う衛星に対してすでに始まっている。そのような衛星に対して、1つの研究者チームは「プルーネット」という名前を付けた。天文学者は太陽系外惑星よりも、太陽系外衛星は、さらに多くあると考えているので、プルーネットの存在も可能性が高いようだ。しかし、それらを探知することは、次世代テクノロジーの可能性さえも増強しなければならない。

今までのところ、我々がプルーネットについて学んだほとんど全てのことは、モデルからきている。最近のコンピュータシミュレーションによると、プルーネットは、母惑星と母星の間の無秩序な入り乱れから生まれたという。その言葉を生んだチリの研究者チームは、ホットジュピターに焦点を絞った。ホッ

トジュピターは、母星から太陽系の水星のような距離より内部で螺旋状の軌道を持つ、巨大な太陽系外惑星である。このような惑星は、その母星に近づくので、その惑星を捻じ曲げる潮汐力を受ける。重力と摩擦の複雑な相互作用のため、潮汐力による膨らみは、その惑星の自転を遅くするとともに、その衛星の運動量を増強して、衛星をより遠い軌道に送り込む。距離が伸びると、惑星と衛星の間の重力的束縛が非常に弱くなるので、その母星が、その衛星を他の惑星のように惑星から引き離す。

　2019年の研究が、衛星が彷徨うようになった別の方法を確認した。それは巨大惑星とその衛星が、二重星系の1つである星を公転しているときだった。2番目の恒星の重力が、その惑星を少しずつ動かして偏心軌道にして、母星に非常に近いところまで突進させたので、その惑星は母星を回る軌道から外れ、その衛星を独立した恒星を公転する軌道に入れた。ただ、その衛星を飲み込んだり最初にそれを蒸発させないと仮定しての話である。

　その研究は、プルーネットのほんの10%が、母惑星より長生きすることを見つけた。残りのプルーネットは母星に突進するか、母惑星に衝突するか、あるいは恒星の放射で蒸発させられて、塵、ガス、そして破片の公転する環を残すかである。このような破片でできた環は、また、繰り返し母星の光度を弱める。それが、白鳥座にあるタビーの星の不規則で神秘的な光度低下を説明できる可能性がある。逃亡を成し遂げられず、母惑星に破壊された衛星は、約430光年彼方の、特有の太陽系外惑星の場合を説明できるかもしれない。それはその周りの37個

を下らない環を持っているようだ。

　すべてのこれらのシナリオは、ほとんど間違いなく起こる。問題は、その率が十分に大きくて、現在のデータと機器でこれらの現象を探知できるかどうかである。多くのことではないが、今までに1つのタビーの星を見たという事実がある。

　今のところ、このような名残の破片のあるところには、天文学者がプルーネットの存在を推測する最良のチャンスがあるかもしれない。結局、天文学者が、たとえ、その母星を公転する逃亡中のプルーネットを探知したとしても、それを普通の惑星と識別するのは困難である。多分、天文学者はプルーネットを発見するだろうが、プルーネットを発見したことに気づかないかもしれない。


## 束 縛のない恒星

　衛星は惑星から追い払われ、惑星は母星に引き裂かれたならば、恒星は銀河から放り出されるのか。1世紀前、その問題さえも無意味だった。何故ならば、ミルキーウェイ銀河は全宇宙を占めると考えられていたので。二重銀河の概念も、世界のトップ天文学者には無視されていた。

　1908年、ヘンリエッタ・スワン・リーヴィットが、セフィード変光星のパルスが、天体までの距離を示すことを発見した。さらに1924年、エドウィン・ハッブルが、アンドロメダ銀河内のセフィード変光星までの距離計測を行った。それらから、宇宙は無数の銀河でできていて、それぞれの銀河は、数

十億の恒星を含んでいて、未曾有の重力的束縛で保持されていることがわかった。

　だから、このように厳格な境界を星が破って、逃亡することは想像することが難しかった。1997年、ハッブル宇宙望遠鏡は、乙女座銀河団の真ん中に浮かぶ数百個の赤色巨星の画像を撮った。それらは、どのような銀河にも属さないで遥か遠くにあった。2005年、科学者による追跡調査で、時速240万km近い速度でミルキーウェイ銀河から放り出されている恒星を発見した。数年前、別の科学者チームは、数百個以上のこのような高速で動く恒星を発見した。それらは彷徨う恒星と呼ばれ、ミルキーウェイ銀河の外縁部にいて、アンドロメダ銀河に向かっている。

　同時期に、近赤外線望遠鏡を装備した気象観測用ロケットを使い始め、夜空の暗黒領域を覗き込んだ天文学者グループがいた。それは、原始銀河からの光を探知する目的だった。この研究者グループは、光度の低い分散した輝きを探知することには成功したが、それは、遥かにブルーの光輝な輝きであったので、遥か遠方の源から来たものではなかった。遠方の銀河からの光は、大きく赤方偏移しているか、赤方波長に伸ばされているかである。それで、その輝きは彷徨う恒星から来たと結論付けた。誰もが宇宙に存在すると想像する以上に、多くの彷徨う恒星があった。

第３部

# ミルキーウェイ銀河崩壊

# 第1章　ローカルグループ

## 概要

ミルキーウェイ銀河は10万光年以上の幅があり、ローカルグループと呼ばれている銀河団の一員である。この銀河団には、もう1つ大きなアンドロメダ銀河がある。アンドロメダ銀河も渦巻銀河で、ミルキーウェイ銀河と合わせると、ローカルグループ内の光る物質の85％以上を占める。それ以外は、40個くらいの小さい銀河で、2つの大きな銀河に群がっている。

1936年に戻って、エドウィン・ハッブルが、我々の宇宙における共同体のメンバーを初めてリストに挙げた。そのとき、我々のローカルグループは、ミルキーウェイ銀河、大小マゼラン雲、アンドロメダ銀河、M32、三角座銀河（M33）、NGC 147、NGC 185、NGC 205、NGC 622、そして IC 1613、それに IC 10を加えたものを保有していることを知った。その近隣の銀河は、その後、85個の銀河に膨れ上がった。いつも加えられるのは、新しい小さい銀河である。

ミルキーウェイ銀河の周辺は、いろいろなタイプの銀河で満たされていて、宇宙のミニチュアを天文学者に提供している。

銀河のローカルグループは、約2,000個の銀河から成る巨大な乙女座銀河団をつくった2つのダークマターフィラメントの大きな交差点から、約5,000万光年の距離にある脇道の上にあ

る。乙女座銀河団内に住む宇宙人天文学者に対して、我々の小さい銀河的環境は、光の2つの斑点のように見えるだろう。その2つの斑点は、ミルキーウェイ銀河とアンドロメダ銀河（M31）である。それらのある宇宙人天文学者たちの星図上では、この2つの銀河は、1つにして二重銀河系として扱われるだろう。ただ異常にパワフルな望遠鏡を持っていたとすると、乙女座銀河団に住む宇宙人天文学者も、約50個ある小さい矮銀河を見つけ出すだろう。

　無味乾燥な名前「ローカルグループ」は、荒野の西部にある粗野でちっぽけな田舎町以上の印象を与えない。殺人、暴力、誘拐、そして共食いがそこで起こっている。実際、我々の宇宙の誕生に沿ったエネルギーと物質の混沌から、秩序が生まれたのを我々は見ている。ローカルグループは、全体として騒々しい宇宙の小世界である。

「約1,000万光年幅で、ローカルグループは堅果の殻の中の宇宙である」とある天文学者は言う。しかし、もっと重要なことは、加速する膨張率で膨張する宇宙において、ローカルグループは、銀河の起源、構造、そして進化を解読する唯一の機会を与えている。

## 新しい見方

　ローカルグループ発見への道のりは、90年以上前に始まった。1923年、アメリカ人天文学者エドウィン・ハッブルが、南カリフォルニアウィルソン山頂の100インチ（254cm）望遠

鏡を使って、アンドロメダ星雲内のセフィード変光星を発見した。天文学者は、長い間、この葉巻型星雲は、若い恒星の周りにある、はっきりしないディスクであるのか、あるいは、非常に遠方にある、それ自体が島宇宙であるのかを議論してきた。距離を計算するために、セフィード変光星の絶対光度を使うことによって、ハッブルは、最終的に、後者であることを証明する観測結果を得た。アンドロメダ銀河は、想像を絶するほど遠くにある。少なくともミルキーウェイ銀河の直径の20倍以上の距離にある。

　次の10年間の繊細な観測結果から、ローカルグルーピングに組み込まれた銀河のアイデアが生まれたようだ。ハッブルは幸運な出来事として、ローカルグループは、彼が全体として見たほとんど全ての銀河のタイプを含んでいると記述した。

　90年後、ハッブル宇宙望遠鏡が、M31内のセフィード変光星のわずか10,000分の1の光度であるローカルグループ内の恒星を、普通に観測できることをハッブル自身は全く想像しなかっただろう。ハッブル宇宙望遠鏡は、ローカルグループを開拓して、完全に新しい詳細な研究ができるようにした。これらのシステムについて知ったことは、25年前とは全く違った状態である。

　ハッブル宇宙望遠鏡と地上の大望遠鏡を使って、我々は巨大な数の、個々の恒星の信じられないほどの量のデータを得ることができる。最後に、それらすべてを一緒にすることができる。

　恒星は、宇宙の中では時計のようだ。現在130億歳の最も初

期の恒星は、水素とヘリウムより質量の大きい元素をほとんど含まない。その理由は、酸素、窒素、そして珪素のような元素は、核融合反応を通さなければ生成できないからだ。さらに若い恒星は、初期の世代の恒星内でつくられた質量の大きい元素が、逐次豊富になっている。だから恒星内の異なった元素の豊富さを追跡することは、銀河的地層を天文学者が掘り進めるのと同じである。銀河的地層の掘り進め方は、ローカルグループのどの部分が最初にできたかを学ぶことである。

## 混沌から秩序へ

ハッブルは、彼の旧式のハッブルターニングフォークを使って楕円銀河、渦巻銀河、そして不規則銀河に対する進化過程を提案した。しかし、フッカー望遠鏡は、宇宙の十分に遠くまで見て、時間とともに銀河がどのように変化したかを明示するパワーがなかった。

今日の Great Observatories Origins Deep Survey（GOODS：大天文台起源深淵宇宙探査）プログラムは、ハッブル宇宙望遠鏡、チャンドラX線望遠鏡、そしてスピッツァー宇宙望遠鏡を使って観測をしている。その結果、宇宙における銀河サイズの増加は、銀河形成の底上げモデルに首尾一貫している。このような体系で、銀河は融合を通して、小さい銀河を付着させて成長している。

このようなモデルは、コールド・ダークマター理論を支持している。ダークマターは目に見えない物質の形態で、宇宙の全

質量の85％を占めている。この理論は、ダークマターが、普通の物質ができるずっと前に、初期宇宙において重力的な捏ね土の中にプールされ、それがその時水素ガスを収集して、その水素ガスが、素早く収縮して星団と小さい銀河をつくったと言っている。

　これらの矮銀河は、数十億年に亘って一つ一つ融合して、今日、我々が見る巨大な渦巻銀河と楕円銀河をつくりあげた。ローカルグループ内の科学的探査による証拠から、天文学者は、新しいレベルの詳細さで、過去130億年を細かく調べることができた。その結果は、GOODSプログラムからの結果と綺麗に一致するが、幾つかのミステリーが残っている。

　大部分の天文学者は、ローカルグループは、約130億年前に形成され始めたと考えている。それは、水素ガスから形成された苗木の星団が、ダークマターの深い穴に流れ込んだときだった。これは、ダークエイジの終わりに起こった。ダークエイジは、宇宙が3,000℉（約1,650℃）の温度より低いところまで冷えた短い期間だった。我々は、ビッグバン以後、最初の200万年から300万年に起こった多くの出来事を知っている。現在、このすべてを1つの形成理論につなげる努力を天文学者は行っている。

　一番初期の星団が、ダークエイジから出現したとき、ローカルグループは、ほんの60万光年くらいの幅しかなかった。それは、アンドロメダ銀河までの現在の距離のちょうど4分の1である。さらに高い密度は、星団が非常に頻繁に衝突し、融合したことを意味する。多くの小さいブロックが一緒になって流

れをつくり、巨大な川に合流するように星団が融合したようだ。

## 矮 銀河の捕食

　ミルキーウェイ銀河は、今日、普通の平穏に見えるディスク、バルジ、そしてハローとして描かれる。DVD が役立つモデルをつくっている。DVD のシルバーディスクは、ミルキーウェイ銀河の恒星ディスクの直径と厚さの比率とほぼ同じである。恒星からできた中央のバルジは、DVD 中心に接着されたピンポン玉である。孤児になった恒星と、生き残った球状星団から成るハローは、その DVD を包み込むビーチボールサイズの恒星の群れである。そこで、約 3 m 離れたところのビーチボールの内部にもう 1 つの DVD があるとイメージしてほしい。それがアンドロメダ銀河である。これら 2 個のビーチボールの間の外側 4.6 m の距離に矮銀河が撒き散らされている。

　初期にできた球状星団が互いにぶつかり合って、ミルキーウェイ銀河中央バルジをつくりあげたというのが、最近の見解である。そのミルキーウェイ銀河が、周囲のガスを引き込んで、そこから巨大な薄いディスクが誕生した。星団の衝突が、恒星をハローに撒き散らし、そのディスクが膨れ上がり、さらに厚いものになった。

　今日、当時の球状星団のほんの一部だけが生き残っている。それは、異なった状態にある荒廃した古い城と見做せる。生き残る能力は、それらの質量と所属する銀河における公転軌道に

依存する。ここでいう所属銀河は、アンドロメダ銀河か、ミルキーウェイ銀河である。球状星団の幾つかは、比較的無傷で残っているが、別のものは、恒星の流れの中で引き裂かれた。

　ミルキーウェイ銀河の観測から、複雑な銀河は、動力学的進化によって形作られたことがわかった。ミルキーウェイ銀河は非常に空腹状態にあり、異なった方法で、全ての種類の伴銀河を付着させた。そして、過去にはそのように融合し、現在も融合中で、未来も融合し続けると言われている。

　顔中にジャムを付けた幼児のように、ミルキーウェイ銀河は、だらしない捕食者である。ハローは、捕食された矮銀河の破片を含んでいる。そのディスクは、通過した矮銀河によってねじ曲げられた。銀河平面の遥か上にある高速水素雲が、これらの矮銀河の破壊を物語っている。それらの矮銀河の破片が、実際に、銀河平面上に雨のように降り注いでいる。

　銀河同士の共食いの初期の手がかりの1つが、1992年に発見された。それは、天文学者が、ミルキーウェイ銀河と融合している矮銀河を発見した時だった。射手座の巨大な恒星雲が、この矮銀河の大部分を隠している。これは過去に起こった大きな伴銀河融合の原型であるようだと言われている。コンピュータシミュレーションは、この銀河は、ミルキーウェイ銀河の重力的下水口の中へ落ち込んだとき、タフィーのように引き伸ばされたことを示している。

　ミルキーウェイ銀河の最も強烈な過去の、一番はっきりした名残は、マゼラニックストリームである。これは、その中には、どのような恒星もない夜空に、100°の広がりを持つ低温

水素の尾のようなものである。大小マゼラン雲という鮮やかな伴銀河が、その尾の出どころである。その尾は天の南極の周りに弧を描いている。

## 奇妙なカップル

銀河形成モデルは、宇宙において、このような辺境の地で、お互いが非常に近くにある2つの大きな銀河が成長することは予想していない。実際、M31は、一度はミルキーウェイ銀河に今日以上に近づいたようだ。

自然は、研究するために非常に近いところに仲間を与えたことは、気前が良いとハッブルは同意したようだ。自然は、また、M31を我々の視線に対してエッジオンに近いところまで傾けたのも気前が良い。これが、アンドロメダ銀河ハロー、バルジ、そしてディスク恒星集団が、研究するためにむしろ容易に分離されたようにした。アンドロメダ銀河（M31）は、恒星集団の一般受けする見解を与えていると言われている。アンドロメダ銀河と比較すると、前面の塵と恒星雲が、ほとんど完全にミルキーウェイ銀河バルジを隠している。

ミルキーウェイ銀河は、普通ではない銀河なので、M31をよく見る必要がある。M31は、かなり長い間大きな融合はなかったようだと言われている。アンドロメダ銀河は、天文学者に、複雑な共食いの科学的捜査のより良い見解と、大きな銀河の成長を見せている。

ミルキーウェイ銀河のように、M31も多くの球状星団を含

んでいる。特に、その1つはG1と呼ばれるもので、これは、ただ球状星団のように見せかけているだけのようだ。それは、実際は、アンドロメダ銀河に切り刻まれた楕円体の矮銀河の取り外された核であると考えられている。その1つの証拠に、G1は、太陽質量の20,000倍の質量を持つブラックホールを含んでいる。そのようなブラックホールは、天文学者が、銀河の中だけに発見されることを期待したものである。同様に、ミステリーであるのは、M33だ。これはディスクを持った銀河で、M31による切り刻みを逃れた。それは、生き残るべきでなかったと言われている。

　M31とミルキーウェイ銀河の顕著な違いは、若い恒星と古い恒星の両方が、M31のハローには豊富にあり、ミルキーウェイ銀河ハローは、圧倒的に古い恒星を含んでいることだ。これは、ミルキーウェイ銀河が、隔離された状態で形成され、一方、M31は、わずか70億年前、恒星とガスの一団をそのハローに投げ込んだ、大きな融合を遂行したようだ。


## 近隣の実験室

　ローカルグループは、基本的な宇宙論ミステリーを間近で見るための、天体物理学実験室として機能している。M31は、初期宇宙に出現した巨大質量ブラックホールの幅のサンプルを提供している。ミルキーウェイ銀河核内の巨大質量ブラックホール、M31内の巨大質量ブラックホール、そして球状星団M51とG1内にも存在の可能性が高い、さらに小型のブラッ

クホールから、天文学者は、ブラックホールを詳細に研究でき
た。

　ハッブル宇宙望遠鏡を使っている、天文学者による銀河的ブ
ラックホールの画期的な人口調査から、ブラックホールの質
量は、銀河バルジ質量の0.2％以上はないことが明らかになっ
た。驚くことに、M51とG1の中に発見された疑わしいブラッ
クホールは、その銀河の質量の１万分の１の質量で、これは上
記の結果に従っている。幾つかの未だに発見されていない基本
的なプロセスは、ブラックホールを保有する銀河に直結してい
るようだ。

　天文学者は、ローカルグループを使って、ダークマター候補
のリストを減らそうとしている。科学者は、ミルキーウェイ銀
河ハローを重力効果レンズと呼ばれるものを使って、後方の恒
星の光を曲げる、目に見えない物質探しのために探査してい
る。今までのところ、これらの探査から、大質量コンパクトハ
ロー物体の可能性を排除した。これは、仮定上の小さい暗黒物
質で、電子、陽子、そして中性子から成る光を発しない普通の
物質の、最後の可能性のある隠れ場所と見られてきた。この神
秘的な物質は、恒星、惑星、そして人々がつくられているもの
と同じ原子からはできていない。その代わり、それは素粒子物
理学が追いつめる幽霊であるようだ。


# ローカルグループ内に住んで

疑いもなく、ローカルグループ内の無数の地球外文明が、同

様の考古学的好奇心と情熱を持って、それを精査しているだろう。それは、我々の宇宙の根底に対する集合的探査である。考えさせられることは、太陽と地球が形成される数十億年前に、ローカルグループ内で惑星が形成され始めたことである。

　ローカルグループが、人類より数十億歳年上の地球外文明を1つ含んでいるかどうかを想像してもらいたい。しかし、本当らしくないこのシナリオでも、このような文明が、ミルキーウェイ銀河周辺の、進化の記録保管所を持っている可能性がある。

　我々には、このような百科事典ギャラクティカが必要だ。何故ならば、ローカルグループの歴史は、未来の天文学者にはあまりにもぼんやりしているからだ。大きな改造が、約20億年以内に始まるだろう。それは、ミルキーウェイ銀河とアンドロメダ銀河が融合を始めたときである。その後20億年から30億年で、その融合は完成するだろう。

　コンピュータシミュレーションと他の銀河の融合の望遠鏡画像が、そこで何が起こるかの精巧な詳細を与えている。恒星が巨大な球体内に散りばめられ、長い潮汐力による尾が形成され、そして、その核が融合する。中央にある巨大質量ブラックホールが合体したとき、新しく形成された銀河は、重力波の時間と空間へのさざ波に引き続いて、ほんのしばらく震えるだろう。

　遠い将来、天文学者が夜空を見つめて、新しい楕円銀河核まで見ることができるだろう。彼らは、長く忘れられた文明によって、ミルキーウェイ銀河とアンドロメダ銀河と呼ばれた、

かつては２つの荘厳な渦巻銀河があった証拠も持たないようだ。

　セントーリＡと言った方が良い近隣の巨大銀河 NGC 5128 を見ると、ミルキーウェイ銀河とアンドロメダ銀河融合後の、ローカルグループの未来の予兆が見える。疑いもなく、この巨大な楕円銀河は、大きな融合を経て成長した。その食欲は衰えをみせず、現在、気まぐれなディスクを持った銀河を捕食中で、他の銀河の切り刻まれた破片は、そのハローの中に見られる。再度燃料を補給された核にある巨大質量ブラックホールは、銀河間に噴出するジェットの形でエネルギーの泉をつくっている。

　ローカルグループは、10億年ごとに300万光年の割合で、乙女座銀河団に向かって引っ張られている。しかし、加速する膨張率で膨張する宇宙において、我々は決してそこには到達しないだろう。何故ならば、乙女座銀河団とローカルグループの間の空間は、かつてなかったほどの率で広がっているからだ。

　膨大な期間である数十億年後、我々は風変わりな島宇宙にいるだろう。そこは、ハッブルの同時代人が考えたところに非常によく似ている。絶対的に何もない暗黒の空間が、１つの楕円銀河を取り巻いている。その銀河は、純粋に古い赤色星と、燃え尽きた巨大質量ブラックホールから成る。もはやそれは木の実の殻の中の宇宙ではない。遥か未来の住人に対して、それが観測可能の全宇宙である。彼らはローカルグループ内で現在目撃している、生の創造や再生の生き生きした輝きを全く知らないことになるだろう。

# 第2章　銀河の捕食

　ミルキーウェイ銀河の現在の高位は、過去と現在に負うところが多い。そして、今も矮銀河を捕食し続けている。

　月のない晴れた夜空のとき、頭上に見えるミルキーウェイ銀河のアークは、正に静穏の絵画のようである。しかし、その穏やかな輝きが、大混乱の様子を隠している。猛威、略奪、そして共食いの話が、ミルキーウェイ銀河史の天文学者から出る絵に浸透している。

　骨の折れる観測と精密なコンピュータシミュレーションの助けを借りて、この物語を明らかにすることが、ミルキーウェイ銀河が、どのようにして現在の形になったかに光を投げかけるだろう。それは、また、天文学者が、一般に銀河の進化を理解する手助けにもなる可能性がある。

　40年以上前に提案された、ミルキーウェイ銀河の起源の古典的な見方は、宇宙の初期段階のとき、崩壊した巨大なガス雲で始まったとみていた。しかし、1978年頃から、新しい角度で見た取り組み方をするようになった。

　それは、ミルキーウェイ銀河ハロー内の、数十万個の高密度の集団である幾つかの球状星団が、ミルキーウェイ銀河の中心地域に、ディスクがすでに形を成した後、ミルキーウェイ銀河に加わったと提案した。それ以来、いろいろな天文学者が、いくつかの球状星団は、他の小さい銀河が、ミルキーウェイ銀河

に融合したとき、それらの銀河からもぎ取られた盗品であると議論した。

　ミルキーウェイ銀河中心を逆回りに公転する星団は、侵入者である可能性が高い。なお、逆回りとは、太陽や他の恒星の大部分の公転に対して逆であることをいう。多くの研究者は、知られている最も大質量の球状星団であるオメガ・セントーリ（NGC 5139）は、引き裂かれた矮銀河の核である可能性があると指摘している。

　この大混乱の様子は、宇宙が当初ほとんど一様であったときから、銀河がどのように進化したかについて、現在の理論に非常によくマッチしている。好ましいモデルは、コールドダークマター（CDM）という名前になる。この理論は、ダークマターはゆっくり動くので、冷たい粒子でできていると仮定している。なお、ダークマターとは、その重力が普通の物質の上に圧倒的に作用する謎の物質である。


## 下 から上に

　多くの理論的計算とコンピュータシミュレーションで開発されたCDMシナリオは、構造は、下から上に形成されたと提案している。大きな銀河は小さい塊の融合から成長する。銀河も群れになって銀河団を形成し、さらに大きな超銀河団になる。CDMモデルに対する1つのチャレンジは、その理論が天文学者が観測する以上に、宇宙の近隣における矮銀河が多いと予想していることである。

　ミルキーウェイ銀河とお隣のアンドロメダ銀河（M31）のような他の大きな銀河は、すでに小さい大部分の銀河を貪り食う、あるいは、それらを引き裂いて近隣でありながら、それらを確認できないようにした。

　大質量の銀河は、パワフルな潮汐力を働かせている。何故ならば、近隣の銀河に面しているサイドに働く、その大質量銀河の重力的引きが、その近隣の銀河の反対側に働く力に優っているからである。これらの重力は、矮銀河を束ねる重力を凌駕しているので、それを引き裂いてしまう。その潮汐力は、ガスと星を長い尾、あるいはストリームのように引っ張って、それらは、最終的には分散する。それらの略奪品が、いったん大きな銀河の一部になってしまうと、その起源を追求することは容易でなくなる。

　ミルキーウェイ銀河をつくりあげた融合の大部分は、多分、進化史の初期の時代に起こったようだ。しかし、ミルキーウェイ銀河は、今も、近隣の矮銀河を破壊し、飲み込み続けている。


## 射 手座回転楕円体矮銀河の発見

　マゼラニックストリームは、いつも進行中の銀河の融合に対するシンボルとして取り上げられる。そのストリームは、南半球観測者にはよく知られた、大小マゼラン雲である2個の不規則伴銀河から、剝ぎ取られたガスでできている。40年以上前に初めて確認されたそのストリームから、約60万年間の銀河

の動きを追跡できる。いわゆるリーディングアームが、大小マゼラン雲とミルキーウェイ銀河の間に延びている。

　幾つかのモデルは、ミルキーウェイ銀河が、このようなフィラメントをつくったと提案している。しかし10年前、大小マゼラン雲は、予想以上に高速で動いていることを発見した科学者チームがいた。ミルキーウェイ銀河が、我々が考えているよりもはるかに大きな質量を持っていないならば、大小マゼラン雲は、単にミルキーウェイ銀河周辺を通過しているだけかもしれない。そしてその潮汐力だけでは、そのストリームを生み出せなかった可能性が高いと彼らは考えた。

　ミルキーウェイ銀河は、また、他のローカルグループ内の矮銀河を破壊しているようだ。天文学者は、ミルキーウェイ銀河の潮汐力によって引き裂かれた矮銀河の破片を発見した。それらは、竜骨座、獅子座、小熊座、そして彫刻室座の中の矮銀河を含んでいる。

　ミルキーウェイ銀河による最も劇的な共食い事件は、射手座回転楕円体矮銀河の場合であるようだ。これは一人の大学院生に、ほとんど偶然に発見された。

　1994年、その大学院生は、当時、ミルキーウェイ銀河バルジ内の恒星の動きと構成物質について研究していた。オーストラリアにあるアングロ・オーストラリアン望遠鏡を使って、サンプル恒星のスペクトルを収集していたとき、彼は、2、3個の最も赤い恒星が、他のすべての恒星とは違った速度を持っていることに気づいた。さらに奇妙なことに、それらの恒星は一緒に動いているようだった。次の2夜、彼はさらに多くの赤い

恒星のスペクトルを採った。それらはすべて同じような普通でない動きをしていた。

　大学に戻り、彼と彼の研究者仲間は、その地域の夜空のすでに収集された写真プレートをスキャンした。そのとき、彼が特有の速度を持っていることに気づいた恒星の光度と、同様の光度を持った赤い恒星の位置を確認した。この作業が、今まで知られていなかった銀河の輪郭を明らかにした。それは、ミルキーウェイ銀河のディスクに、ほとんど垂直な状態で存在し、ミルキーウェイ銀河の中心の向こう側のサイド約10万光年のところにあった。

　それは、ミルキーウェイ銀河の星と塵でできたベールの背後に隠れていた。さらに、新しく発見された射手座回転楕円体矮銀河は、むしろ捻じ曲げられた形状をしている。なお、ミルキーウェイ銀河中心は射手座に入るので、射手座という名前が使われている。これが、その矮銀河の大質量近隣銀河による、歪みの明らかな証拠になっている。

　過去20年間、天文学者は、その矮銀河の全体的な広がりを星図上に表す試みをしてきた。最近の星図は、ミルキーウェイ銀河の周りで捻じ曲げられた巨大なアークの中に、それらの破片が撒き散らされていることを示している。彼のチームと他のチームは、以前にミルキーウェイ銀河に属すると考えられていた幾つかの球状星団は、実際は、その射手座回転楕円体矮銀河から来たと議論している。他の盗み取られた球状星団と個々の恒星が存在するようだが、それらはすでに、よくミルキーウェイ銀河内に混合されているので、天文学者は、それらの起源を

追跡することはできない。

　射手座回転楕円体矮銀河の驚くべき発見は、そのような他の銀河が未発見で存在している可能性を提起した。天文学者は、ミルキーウェイ銀河を交差するスパゲッティのような螺旋構造を考えた。その各フィラメントは、大昔に破壊された元の銀河、あるいは球状星団によって取られた軌道のぼんやりした名残を辿るものである。科学者は、特有の動きと、風変わりな化学物質の豊富なパターンを持った、恒星のストリームを確認しようとしている。それらが別のところからの起源を隠しているかもしれないので。


## 潮 汐力にスローン探査機を向ける

　これらのはっきりしない化石を追跡している研究者にとって、Sloan Digital Sky Survey（スローンディジタル全天探査）が、宝物であることを明らかにした。2002年に始まって、現在4番目の段階に入っている、その複数波長探査は、全天の3分の1をすでに探査した。

　天文学者は、すぐに2つの潮汐力による兆候を発見した。その兆候は、パロマー5としてカタログ化されている、希薄な遠方にある球状星団から来たものである。これらの兆候の1つは、夜空では20°以上の幅で追跡された。実際には、約25,000光年の広がりである。

　科学者は、パロマー5は、過去20億年の間に、観測できる破片の多くを失ったと言う。シミュレーションから、この球状

星団は、次回ミルキーウェイ銀河をクロスするとき、完全に引き裂かれる。その時期は、今からちょうど1億年後である。別の研究者チームは、それ以来、球状星団 NGC 5466 に関係した、さらに大きな破片のアークを確認した。

　2003年、別の研究者グループが、ミルキーウェイ銀河の目で見える端を越えたところに、恒星の環を発見したと報告している。彼らは、それに一角獣座ストリームという名前を付けた。その理由は、その中心が一角獣座に向かったところにあるからだ。

　一角獣ストリームの恒星は、普通でない色をしているので、スローンディジタル全天探査データの中でも突出している。その色は、そこの恒星に質量の大きい元素が欠乏していることが原因になっているようだ。ここでいう質量の大きい元素は、ヘリウムよりも質量が大きい元素を意味する。幾人かの科学者は、一角獣ストリームは、ミルキーウェイ銀河の重力による潮汐力で、引き裂かれた子犬座の中に見える矮銀河を起源としていると考えている。

　2006年、天文学者仲間は、乙女座に向かって、恒星密度が顕著に増加していることの発見報告を行った。その構造は、スローンデータから、彼らが創った約4,800万個の3D星図の中に現れた。

　推定距離3万光年で、その密度の高い構造は、ミルキーウェイ銀河の範囲内に収まっている。その一番可能性の高い理由は、これらの余分の恒星は、ゆっくり分解している矮銀河に属していることだ。

別の天文学者グループは、2、3年前に、このような構造の存在に気づいていた。彼らは、RR 琴座恒星として知られている、一種のパルスする変光星を探査してきた。「我々はその地域に20個以上の高密度の RR 琴座恒星を見た。そして、ミルキーウェイ銀河に捕食された小さい矮銀河に、それらは属していたと推測した。スローン探査による発見の中で、我々が探知したその恒星ストリームは、それ自体が大きな構造の一部であるようだ」と関係科学者は言う。

## ストリームの場所

　2006年後半、天文学者は、スローンディジタル全天探査による画像から、多くの他のストリームを確認した。そのスローンディジタル全天探査の画像は、すでに知られている射手座ストリームや一角獣座ストリームからは、それほど遠くない、北部ミルキーウェイ銀河ポールに向かっている。だから多くの潮汐力によってできたストリームが、この地域には密集しているので、研究者はその地域をストリームの場所と呼んでいる。

　これらのストリームの1つは、全天で30°の幅を持っている。それは、質量の大きい元素に欠けた2個の球状星団を含み、もう1つの引き裂かれた矮銀河の名残であるようだ。少なくとも、新たに3個の光度の低いミルキーウェイ銀河の伴銀河が、スローンディジタル全天探査で出現した。それらもすべて捻じ曲げられた兆候が見られる。一括すると、これらの発見は、現在、ミルキーウェイ銀河内で起こっている、複数の融合

イベントの間違いのない証拠であるようだ。

　天文学者の中で、現在、ミルキーウェイ銀河は、他の矮銀河の犠牲によって、それ自体が大きく成長していることに異議を唱える人はほとんどいない。「実際、球状星団の大部分は、この融合イベントの名残であるようだ」と主張する天文学者もいる。

## 異種の近隣銀河

　スローンディジタル全天探査の産物から、幾つかの侵入者が、太陽系近隣をうろついているようだが、ミルキーウェイ銀河の外周部には見つからないようだ。天文学者は、ミルキーウェイ銀河のディスク内に、オメガ・セントーリ内恒星物質の化学的に豊富なパターンと同様の、同じ引き裂かれた矮銀河から来たと見られる恒星グループを確認した。もう1つのこのような恒星グループは、比較的近隣の赤色巨星アークトゥルスを含んでいる。この恒星グループのメンバーは、お互い同じような性質を持った動きで宇宙空間を移動している。しかし、それらの近隣の恒星と比べると、その動きははるかに遅い。それらは、また、特殊な化学的形跡を持っているようだ。

　これらの恒星は、引き裂かれた伴銀河から来たという結論にはならないが、可能性はあると言えるようだ。コンピュータシミュレーションによると、引き裂かれた銀河の破片は、ミルキーウェイ銀河ハローに蓄積するばかりでなく、そのディスクにもばら撒かれることがわかった。ミルキーウェイ銀河ディス

ク内の、質量の大きい元素の少ない恒星の大部分は、種々の融合伴銀河を起源としているようである。

　スローンディジタル全天探査関係科学者は、ミルキーウェイ銀河ハロー内に、2つの特殊な恒星集団を発見した。その恒星グループは、ミルキーウェイ銀河中心を逆回りで公転している。これは、過去における複数の融合の証拠以上のものを提供している。残念ながら、どのくらい多くの近隣銀河をミルキーウェイ銀河が、その長い歴史において捕食したかを正確に知ることは、多分不可能である。数百回の小さい銀河との融合があったか、あるいは近くで君臨した銀河との大きな衝突があった可能性もある。

　4個の回転楕円体状矮銀河の、2万個に上る恒星の研究が、極めて質量の大きい元素に欠ける恒星の不思議な欠乏を発見した。これは、ミルキーウェイ銀河の現在の小さい近隣銀河は、遠い昔にミルキーウェイ銀河が捕食したものと基本的に異なっていることを示した。

　ミルキーウェイ銀河ハロー内の、たくさんの恒星の詳細観測から、ミルキーウェイ銀河史に対する、さらに多くの手がかりがわかるだろう。RAdial Velocity Experiment（RAVE：視線速度測定）として知られている探査プロジェクトは、483,330個の恒星の速度と構成物質を計測した。一方、スローンによるAPOGEE-2探査は、2020年秋のプロジェクト終了までに、北天と南天の両方で、さらに30万個の恒星のスペクトルを収集した。

　ミルキーウェイ銀河は劇的でないならば、種々の歴史を持っ

てきた。しかし、その物語は、完結までには程遠い。天文学者に対する難題は、空間と時間内に散りばめられた数百万個の矮銀河の破片から、それらを繋ぎ合わせることである。

## アンドロメダ銀河の捕食

　我々の周辺にあるミルキーウェイ銀河の共食いの証拠を見ると、論理的にみて、お隣さんである、ほとんどツインといえる大質量のアンドロメダ銀河（M31）も、その兆候を見せているようだ。ミルキーウェイ銀河に一番近い渦巻銀河の化け物であるM31は、約250万光年の彼方にある。その巨大な距離が、天文学者が、アンドロメダ銀河の過去の融合によって、背後に残された恒星を識別することを困難にしている。

　その困難さにもかかわらず、天文学者は研究を進展させた。1993年、M31の中心にある二重核と呼ばれている、2個の密度の高い恒星の束を発見した。ハッブル宇宙望遠鏡の鋭い眼を使って、2つの構造を分離した。幾人かの天文学者は、その塊の1つは、M31と衝突した伴銀河を起源としていると推測した。

　M31のさらにはっきりした共食いの証拠は、2001年に明らかになった。そのとき、天文学者は、カナリー諸島ラ・パルマにある2.5mアイザック・ニュートン望遠鏡を使って、アンドロメダ銀河ハローの深い、パノラマ式の画像による探査を行っていた。別の天文台の研究者グループは、アンドロメダ銀河から突き出している、伸びた恒星ストリームを発見した。彼らは

この特徴を「巨大南方ストリーム」と名付けた。

　幾人かの研究者は、巨大南方ストリームは、アンドロメダ銀河の2つの伴銀河 M32 と NGC 205 の1つから引き裂いた恒星からできていると提案した。しかし、この説明には、はっきりした証拠がないと言う天文学者もいる。

　もっと可能性の高いシナリオは、アンドロメダ銀河は、矮銀河を完全に捕食したことで、もしこれが正しいならば、巨大南方ストリームは、アンドロメダ銀河をループのように取り巻く、伸びた破片の一部であるようだと言う。それは、その矮銀河が、アンドロメダ銀河へ螺旋状の軌道をとって落ちて行ったことを意味する。

　別の研究者チームは、巨大南方ストリームとアンドロメダ銀河の幾つかの他の場所が、繋がっている証拠を報告した。その場所は、たくさんの恒星が、グループとして動いているところである。彼らは、これらの特徴は、連続する恒星ストリームの一部であると考えている。「我々は、アンドロメダ銀河に落ち込んで行った、小さくて化学物質の豊富な矮銀河の破片の名残を見ているようだ」と彼らは言う。

　つい最近、スローンディジタル全天探査が、M31のディスクの外側の巨大な分散した恒星の塊を明らかにした。それは、アンドロメダ銀河の潮汐力によって引き裂かれた、もう1つの伴銀河の名残の可能性がある。しかし、この構造の詳細な特徴は、依然として謎である。多くの天文学者は、アンドロメダ銀河の変化に富んだ無秩序の進化史に対する手がかりを探し続けている。

# 第3章　銀河の崩壊

　アンドロメダ銀河は、我々の銀河、ミルキーウェイ銀河への正面衝突コースに入っている。この大衝突が起こったとき、未来の天文学者に、どのような影響を与えるか。

「死と税金の徴収以外、確かなものは何もない」という諺がある。この諺が、宇宙に対しては、書き直される可能性がある。アンドロメダ銀河（M31）とミルキーウェイ銀河の切迫した衝突は、天文学者が、絶対起こると予想できる、我々の銀河全体に影響を及ぼす、単なる天文学的大事件である。これら2つの大質量の島宇宙は、それぞれ太陽質量の1兆倍以上の質量を持っている。その2つが、力士の激突のように、お互い正面衝突する運命にある。

　ミルキーウェイ銀河とアンドロメダ銀河の激突は、向こう40億年間は起こらないだろう。激突後10億年間くらいは、重力で引っ張り合うだろう。そして、今から約70億年後に、成熟した楕円銀河として全盛期を迎える。その楕円銀河に「ミルクアームミーダ」という名前が付けられている。このシナリオが、演じられるずっと前に、地球は、生命体の存在できない惑星になっている。太陽の増加する光度が、向こう20億年くらいの内に、地球を人の住めない惑星にするだろう。我々の遠い子孫は、太陽系の別の場所に移住するか、別の恒星系を植民地化して、この銀河の大衝突の行方を見つめなければならない。

銀河の衝突は、氷状結晶のように見えるだろうが、それが、将来の天文学者が、人類か、エイリアンかは知らないが、夜空に見るものを急激に変化させる。アンドロメダ銀河が迫って来たとき、発光星雲と輝く星団が、地平線から地平線まで、天球を横切るように散りばめられる。新興の天文学者は、恒星の進化について、直ちに理論を発展させるかもしれないが、散乱した夜空で、天体観測をする難しさに直面する可能性が高い。

## アンドロメダ銀河

　人類の歴史の大部分において、アンドロメダ銀河は、宇宙を眺める者を魅了してきた。肉眼では、アンドロメダ銀河は、満月よりも大きい、奇妙な煙草型の物体に見える。この楕円形の輝きは、アンドロメダ座の中にある。近隣のペガサス座の大きな正方形の北東の位置にある。ペルシャ人天文学者アブド・アル・ラフマン・アル・スーフィーが、964年に初めてアンドロメダ銀河を記録した。彼の *Fixed Stars*『固定された星』という本に「小さい雲」と表示した。1764年、フランス人天文学者シャルル・メシエが、彗星のようであるが、そうではない天体のカタログ中、31番目の天体としてアンドロメダ銀河を指定した。だから、M31 と呼ばれることもある。

　19世紀の写真家が、アンドロメダ銀河の渦巻構造を明らかにしたが、ほとんどの天文学者は、それを新しく誕生した恒星を取り巻く、近隣にある塵とガスの渦巻きと考えた。いわゆる、アンドロメダ大星雲が、実際は、ミルキーウェイ銀河より

も大きい、恒星からなる巨大な島宇宙であるという認識は、彼等にはほとんどなかった。というのは、当時のほとんどの天文学者は、ミルキーウェイ銀河が、全宇宙を取り巻いていると考えていたからだ。

　1912年、アリゾナ州フラッグスタッフにあるローウェル天文台のヴェスト M. スライファーが、太陽系に対するアンドロメダ銀河の速度を初めて測定した。スライファーは、アンドロメダ銀河の真の姿については、全く知らなかったが、アンドロメダ銀河は、太陽系に向かって時速108万 km で近づいているという結論に至った。この速度だと、地球から月へ20分で到達する。スライファーは、ドップラー効果を使って、この速度を決定した。ドップラー効果とは、観測者から光源が遠ざかっているか、あるいは観測者に向かっているかによって、光の波長の中に変化が現れることである。

　1923年、アメリカ人天文学者エドウィン・ハッブルが、アンドロメダ銀河の中の光度の高い変光星を発見した。この種の変光星は、里程標として役に立つ。セフィード変光星と呼ばれている、この種の恒星の絶対光度は、変光の期間に直接関係する。変光期間から割り出した絶対光度と、見かけの光度を比較して、ハッブルは、アンドロメダ銀河までの距離を計算した。その結果、彼は、アンドロメダ銀河は、ミルキーウェイ銀河内の最遠の恒星をはるかに超えた位置にあり、ミルキーウェイ銀河とは、完全に切り離された、数十億個の恒星からなる島宇宙であることに気づいた。

　1世紀以上に亘って、天文学者は、アンドロメダ銀河が、

我々の方向へ向かっていることは知っていたが、アンドロメダ銀河が、正面衝突コースで近づいているのか、それとも、斜めの方向からかすめるように近づいているのか、距離をおいたところを通過するだけなのか、誰も知らなかった。

　天文学者は、ハッブル宇宙望遠鏡を使って、極めて正確な観測を行った。その結果、アンドロメダ銀河は、正面衝突コースで我々の方向へ向かっていることがわかった。

　さらに、コンピュータシミュレーションを行って、いろいろな接近遭遇を模索した。それは、アンドロメダ銀河が、如何にして、直接ターゲットにヒットするかということを基礎にしていた。1つのシミュレーションでは、アンドロメダ銀河が、我々の銀河の極めて近いところを通過するというものだった。そのとき、アンドロメダ銀河の動きは遅くなり、ミルキーウェイ銀河に対して、突然のUターンをするという。これが引き金となって、両方の銀河内で恒星数の急激な変化を生じさせる。両方の銀河核が融合し、両方の恒星が無作為化した軌道に入り、結果的に、楕円銀河になっていく。

## 銀河が衝突するとき

　天文学の初期の時代から、融合する銀河は、その複雑さと不規則な形状から好奇心を掻き立てられた。しかし、天文学者は、現在、銀河の融合は、甚大に銀河の進化に寄与することを認めている。銀河の融合は、恒星形成バースト、光輝な銀河核（クエーサー）、そして風車型渦巻銀河を回転楕円体銀河、ある

いは楕円銀河に変形することを誘発する。

　銀河相互作用の顕著な性質の1つが、関係する銀河の1つ、あるいは両方から延びる恒星とガスの長い流れのようなものの出現である。普通これらの特徴を「潮汐力の尾」と呼ぶ。

　潮汐力の尾は、融合する銀河の間に働いた、パワフルな重力の結果として発展する。その尾が形成されると、それらは、元の銀河から恒星とガスを引き裂き、銀河間空間にそれらを送り込む。

　ローカルグループが進化するとき、ミルキーウェイ銀河とアンドロメダ銀河は、それらの相互の重力によって、お互いの上に動力学的インパクトを持ち始める。その結果、太陽と惑星は、潮汐力の尾の中に引っ張り込まれる可能性がある。この間、観測者は想像上もっとも荘厳な風景が見られる視点の1つを占めるだろう。ミルキーウェイ銀河から引き裂かれた破片は、ミルキーウェイ銀河がアンドロメダ銀河との重力的ダンスを経験しているとき、夜空の大きな部分を満たすだろう。

　銀河質量のほんの一部が潮汐力の尾に行くので、太陽が潮汐力の尾に乗る可能性は極めて低い。融合する銀河内の恒星の大部分は、その保有されている銀河に比較的近いところに残る。太陽が潮汐力の尾という奥地へ追放される可能性は、コンピュータシミュレーションによると比較的低い。


## 運命の変化

太陽は、誕生以来ミルキーウェイ銀河を20回以上公転して

きた。アンドロメダ銀河との融合の間に、太陽のミルキーウェイ銀河を公転する平和な軌道は変化する。新しい軌道は、その融合によって引き起こされる、重力の中の素早い動揺によって、さらに無秩序になる。これは、地球とその住人に対して何を意味するのか。

　天文学者は、ミルキーウェイ銀河とアンドロメダ銀河が、今から約20億年のうちに強く相互作用を始めると指摘している。その融合は、その後約50億年間のうちに完了する。その50億年というのは特に注目に値する。何故ならば、それは、太陽の残された生存期間に一致するからだ。現在、太陽は、限定された寿命の約半分を費やした。そして、結果的に膨張を始める。太陽が膨張を始めると、太陽は、全ての使用可能な水素を消費して、それから50億年間赤色巨星になる。簡単に言うと、太陽はミルクアームミーダの誕生日に死の苦しみの中にいることになるだろう。

　太陽の赤色巨星段階は、地球上の生命体には不快を与える。実際、我々がそれを知るときが、生命の終わりを意味するだろう。しかし、それは、近隣の恒星を公転する生命生存可能領域内にある惑星の植民地化の可能性を妨げない。従って、今後の天文学者は、全てではないが、ローカルグループ進化の幾らかを見ることができるだろう。

　ミルキーウェイ銀河とアンドロメダ銀河は融合するけれど、太陽のような２つの銀河内の恒星が、物理的に衝突するわけではない。その理由は、銀河内の個々の恒星間の距離が、極めて大きいからである。例えば、太陽がピンポンボールのサイズで

あると仮定すると、一番近い恒星ライジル・ケンタウルスは、エンドウ豆サイズで 1,150 km の距離にある。

## 未来へ

HG ウェルズの 1895 年の小説 *The Time Machine*『タイムマシン』の中で、主人公のタイムトラベラーは、十分な未来に到達し、太陽が膨れ上がった赤色巨星になる地球最後の日を見る。ウェルズの小説のように、我々もタイムマシンに乗って、遠い未来へ旅をしよう。そして、天文学者が、カオスの世界になった夜空から、宇宙を理解する方法を学ぼう。

地球は、もっとずっと後の時期に形成され、知的生命体は、銀河の衝突の間の異なった時代に現れたと想定しよう。そして、その知的生命体の科学技術の発展過程は、我々のものと同じであると設定しよう。そのとき、この銀河の衝突が、彼等の宇宙の探究に、どのような影響を及ぼすだろうか。それを考えてみよう。

## 今から30億年後

まず、アンドロメダ銀河は、巨大な光の斜めの星雲として現れる。現在のアンドロメダ銀河の写真を拡大し、天の川の写真の横に貼り付けたような光景になる。両方の銀河の円盤の中に集中したガスは、圧縮され、異常な速度で恒星の誕生を助長する。2つの銀河が重なり合う部分の中心は、夜空を楽しむ人に

とっては、神秘的な重要性を感じさせるかもしれない。

　天体望遠鏡の発明以前は無理だが、発明後は、ガリレオ・ガリレイのような好奇心をもった誰かが望遠鏡を使って、その霞のような輝きは、実は、無数の恒星から成り立っていることを発見するだろう。しかし、恒星数を数えることによって、その銀河の３次元的モデルを構成するという試みは、なかなかうまくいかないだろう。というのは、夜空が、奇妙に混ざり合った状態を見せているからである。将来のエドウィン・ハッブルに似た人は、銀河間の距離を測定できないだろう。何故なら、そのハッブルに、渦巻銀河が島宇宙であることを気づかせるような、現在のアンドロメダ銀河に匹敵するような近隣の銀河は、存在しないからである。

　科学者は、また、最終的に宇宙マイクロ波背景放射に当惑する。それは、ビッグバンの消え行く残像であって、1960年代に、アルノ・ペンジアスとロバート・ウィルソンが、衛星との連絡アンテナの修理中に偶然見つけたものである。しかしながら、遠い銀河との距離から引き出される宇宙の膨張の概念なしに、天文学者は、宇宙がごた混ぜの状態にある中で、宇宙マイクロ波背景放射の一様な輝きを説明することはできないだろう。

## 40億年後

　アンドロメダ銀河が接近し、最初の影響を与える時期で、アンドロメダ銀河内の恒星は、ミルキーウェイ銀河の恒星と完全

に混じり合う。全天球は、輝く青い散開星雲団と、無数の赤い発光星雲の、狂ったようなキルトの様相を呈するだろう。我々が、現在、蠍座と射手座の中に見る恒星のたくさんある領域を取り出して、全空の至るところに貼り付けた状態になる。

　今日、我々の見る夜空の星の倍の数の星が輝く。アンドロメダ銀河からの、これら輝く恒星の半分は、ミルキーウェイ銀河からの、残り半分の恒星とは、違った方向へ動く。観測者は、さらに遠くの恒星の多くが、動くことは見られないが、近隣の恒星は、10年余りで、満月の幅くらいの動きを見せる。人類の生存した期間に慣れ親しんだ星座パターンは、大きく変化する。

　遠方にある銀河の大部分は、輝く恒星誕生領域のはなばなしさにかき消される。輝く恒星誕生領域が、近隣の宇宙空間を占めているからである。そして、その輝きの見える渦巻銀河は、近隣の銀河ほど風変わりには見えない。それで、天文学者は、長い間、渦巻銀河には、多くの感心を示さないだろう。

　天文学の教科書は、惑星科学と恒星進化論を多く掲載するが、他の分野は、ほとんどないだろう。慣習的な知識として、我々は、恒星、星団、星雲、そして、塵のフィラメントの斑点のあるボールの中心に住んでいるという感覚だろう。恒星進化論は、急速な発展を遂げる。それは、過剰の散開星雲、発光星雲、超新星爆発、そして、超新星爆発の残骸の存在が原因である。しかし、島宇宙としての銀河の性質についての手がかりは、ほとんどない。

# 50億年後

アンドロメダ銀河の最初の接近に伴って、ミルキーウェイ銀河とアンドロメダ銀河の明るい核は、夜空に、ツインの恒星からなるバルジを形成する。これが、天文学者を困惑させ、次のような激論が勃発する。それは、我々の銀河の真の中心はどこにあるのか、あるいは、中心をもつのか、という議論である。

20世紀初頭、ハーロー・シャプレーが、球状星団の分布を研究し、ミルキーウェイの中心は、射手座にあるということを推論した。しかし、彼が使ったテクニックを、今、想定している天文学者たちは使えない。というのは、起こり続けている銀河の衝突が、球状星団を広く分散させてしまったからである。

発光星雲も、この時期、それほど際立った輝きを見せていない。何故なら、衝突初期の爆発的な恒星形成時、ガスと塵を十分に使い、もう、新しい恒星を形成するものは、ほとんど残っていないからである。だから、宇宙空間の物質が希薄になるので、遠方の銀河がはっきり見えるようになる。それで、観測者に、それらの銀河が、切り離された島宇宙であるという認識を与える。しかし、不幸にも、遠方にある銀河の衝突の像と、夜空に輝く状況が一体となっているので、このジグソーパズルを繋ぎ合わせて、遠方の銀河の衝突を理解するのは、骨の折れる仕事になる。

# 70億年後

　太陽はすでに燃え尽きて、潰れて1つの白色矮星になっている。ある程度の科学技術を発展させた文明が、太陽の最後の年まで生き延びたということは、想像もつかないことではない。そして、確かに、直覚力のある知的生命体が、銀河の運命について、好奇心をもつことは当然であろう。

　今や、ミルキーウェイ銀河とアンドロメダ銀河は合体して、1つの大きな楕円銀河になった。それを「ミルクアームミーダ」と呼ぶ人もいる。発光星雲、散開星団、そして宇宙空間の塵は、もはやなくなった。だから、天文学者は、恒星の進化についての理解が乏しくなった。何故なら、恒星の誕生、あるいは、超新星爆発といった恒星進化の過程にある証拠が乏しくなったからである。

　以前の、ミルキーウェイ銀河の伴銀河、大マゼラン雲、小マゼラン雲は、まだその付近にいる。しかしながら、それを確定するのは、より難しくなっている。というのは、銀河の衝突が、夜空の星の数を非常に増加させ、これら伴銀河を今より遥か遠くに、振り飛ばしてしまったからである。

　これらの気まぐれな伴銀河は、最終的には、ミルクアームミーダの周りに戻ってくる。それが、銀河が小さい銀河を融合するという観測的証拠を供給する。それが、銀河の共食いが、如何にして銀河を形成し、進化するかということに対して、重要な役割を担うという考えを助長する。天文学者は、また、これら伴銀河の軌道を使って、ミルクアームミーダの質量を推測

し、それが、近隣宇宙内で、最大の銀河にランクされることを見つける。


# 80億年後

　この時期の太陽系からの夜空の眺めは、新しい銀河内での太陽の軌道に依存される。ミルキーウェイ銀河とアンドロメダ銀河の遭遇からくる運動量は、どこかへ行くに違いない。そして、その受益者は恒星である。銀河の衝突が恒星の動きを速め、それらの恒星をでたらめな、銀河中心の平面と急勾配の軌道へ乗せる。それらが、夜空の恒星の散らばりを決定する助けとなる。

　現在、太陽系は、時速約80万 km の速度で、ミルキーウェイの中心を公転している。しかし、銀河の衝突からくるエネルギーが、太陽の速度を異常な速さにする。それで、太陽は、今よりはるかに頻繁に、他の恒星の側を通る。この接近遭遇が、オールト雲を攪乱する。オールト雲は彗星の貯蔵庫で、太陽から半径2光年の距離にある外殻の中に位置している。だから、太陽系の生き残り惑星は、頻繁な彗星の衝突を経験する。

　アンドロメダ銀河が、革ひもで繋がれた犬のように伴っている伴銀河である三角座銀河（M33）の中に、衝突の間に、移住する可能性が、ほんのわずかではあるが残っている。この渦巻伴銀河は、今は、ミルクアームミーダの周りを公転しているが、銀河の衝突時、撒き散らされた恒星を捕獲する可能性がある。いくつかの天体は、2つの銀河間を行き来する軌道に入る

かもしれない。

# 90億年後

　この時期になると、多くの恒星は、長軸の長い楕円軌道で、急勾配の角度をもった軌道を辿る。これは、遥か未来の天文学者にとっては、願ってもないことである。軌道の極端な部分へ来ると、科学者は、宇宙の絶美の光景を見ることができる。これら遠い子孫が、夜空に望遠鏡を向けるや否や、彼等は、巨大楕円銀河の周縁部に住んでいることに気づく。そして、乙女座銀河団を見るとき、自分たちの銀河に非常によく似ていると思うだろう。

　ミルクアームミーダの核には、２つの大質量ブラックホールが共存し、お互いの周りを公転している。それらは、最終的には融合する。その融合したブラックホールが、重力波を生じ、光速で銀河を横切るように、さざ波を立てて前進する。もし、この時期、地球が残存していたと仮定すると、その重力波が、直ちに地球の物理的次元を歪める。もちろん、銀河内の他の天体も同じである。それは、地球においては、１インチ、約2.54cmの100万分の１程度であるが。

　ありがたいことに、このブラックホールの融合は、光速に近い速度で飛ぶ、素粒子のジェットを発することはない。また、新しく生まれたクエーサーからの放射能の洪水で、銀河が不毛の地になることもない。クエーサーは、ブラックホールが、それを養う大量のガスを周辺にもつときだけ存在する。ミルキー

ウェイ銀河とアンドロメダ銀河の衝突が、大部分のガスを恒星形成に使ったので、ほとんど残っていない状態だからである。

　しかし、数個の不幸な惑星系に生存している天文学者は、涙の出るような結末を迎えることになる。彼等の惑星が公転するとき、その中心にある恒星が、長軸の長い楕円軌道をとるので、ミルクアームミーダの恒星の密集している中心部へ落ちて行くことになる。彼等は、彼等の惑星系が、中心のブラックホールに近い、危険な領域を通過しなければならないことに気づく。そのブラックホールの質量は、太陽質量の1,000万倍以上である。この事実が、確実に、文明の絶滅を招くことになる。天文学者は、ブラックホールの潮汐力が、彼等の惑星が公転するとき、中心にある恒星が、引き裂かれると予想するだろう。2012年の地球絶滅の日、あるいはマヤ文明の大惨事予想とは違って、ブラックホールとの遭遇は、確実に、すべての終わりを告げることになる。


## 現在に戻って

　21世紀は、確かに特別な時期である。天文学者は、ミルキーウェイ銀河の恒星形成等の普通の営みを観測し、広角に、遠い宇宙を眺めることができる。それが、恒星と銀河の明確な進化の様子の眺望であり、それを理解することである。しかし、アマチュア天文学者にとっては、今から数十億年後まで、素晴らしい光景は訪れない。

　ミルキーウェイ銀河がどのように変化しようと、好奇心の強

い人は、いつもミステリーと不思議の国にいるだろう。確かに、我々は特別な時期に生存している。しかし、静止することのない宇宙を考えたとき、すべての宇宙の時代が特別である。

　なお、次の動画は、ミルキーウェイ銀河とアンドロメダ銀河の融合をシミュレートした動画である。


https://www.youtube.com/watch?v=4disyKG7XtU


## 現在衝突中の銀河

　烏座のアンテナ銀河（NGC 4038-9）は、ミルキーウェイ銀河とアンドロメダ銀河が衝突したときのヒントを与えてくれる。2つの巨大渦巻銀河が、数億年前に相互作用を始め、現在、爆発的恒星形成の真っ最中にある。

　UGC 9618、あるいはArp302とカタログに記されている2つのガスの豊富な渦巻銀河は、ちょうど相互作用を始めたところである。可視光で見ると、まだ歪められた像は捉えられないが、赤外線観測によると、大量の恒星形成が見られる。

　UGC 8335（Arp238）は、切迫した融合の徴候を見せている。ガスと塵の架け橋が、物質を結合させているようである。それは、外周部からカーブしている恒星と、ガスの潮汐力による長い尾を引いているからである。

　NGC 3690（Arp299）は、2つの銀河が、7億年前に近隣を通過したようである。現在進行形の融合から、それぞれの銀河を識別することはできない。

NGC 6621-2（Arp81）は、現在衝突中の銀河で、1億年前に、最初の接近による相互作用があった。そして、すぐに後退した。今は、それが終わろうとしている時期と考えられている。2つの銀河の背後に延びる潮汐力による長い尾が確認できる。

# あとがき

　昨年末、不注意で家具に左足をぶつけてしまった。翌日整形外科に行ったところ、左足小指の第一関節を骨折していると言われた。完全に骨がくっつくまでには6週間かかるので、その間はテーピングで小指と薬指を固定して、運動等は控えるようにという注意を受けた。なお、私生活においては、今まで通りにしてよろしいということだった。

　家に戻って、いつものように動いていたが、常に左足を庇うように動いていて、一つ気付いたことがあった。家の構造は、「時計とは逆回り」の回転を多く取り入れていることだ。この時計とは逆回りの回転は、右利きには有利な回り方である。私自身右利きなので、時計回りよりも時計とは逆回りの方が回りやすい。

　この時計とは逆回りは、天文学では通常の回り方になる。地球の北極上空から地球の自転を観察すると、この時計とは逆回りになっている。太陽の北極上空から惑星の公転方向を観察しても、同じく時計とは逆回りになっている。この辺は、太陽系をつくった原始太陽系星雲の回転方向が、太陽の北極上空から見たとき、時計とは逆回りになっていたことに関連しているようだ。

　父は工作が好きで、自分で天体望遠鏡を作って、一度見せてくれたことがあった。しかし、それは満月の日に月を見ていたので、天文学に精通していたとは言えない。何故なら、満月の

日は月面が明るすぎるので、望遠鏡で月面の詳細を観測することができないからである。熟練した観測者は、半月くらいの時に月面に望遠鏡を向けて、昼と夜の境目であるターミネーターの付近を見る。すると、山の影が見えたりして、興味深く観測ができる。

その父が、よく言っていたことがある。人間が生まれてくるときは、満ち潮の時が多く、死んでいくときは、引き潮の時が多い。また、女性の生理は、月の公転周期、あるいは自転周期に関係している。人間の肉体と天体とは、何か関係があるように考えられる。多分、他にも探せば何かあるのではないか。

何故か知らないけれど、世の中には圧倒的に「右利き」の人が多い。右利きは、上記の時計とは逆回りの回り方の方が、時計回りよりも気持ち良く回転できる。父の言っていた、もう1つの天体と人間の肉体との関係が、ここにあるのではないかと考えた。

そこで、別の惑星系で、中心の恒星の北極上空から惑星の公転を見たとき、時計回りをしていたと仮定する。すると、その惑星系の惑星の自転方向も、原始恒星系星雲の回転と同じ時計回りであると考えられる。これは、確かめてはいないが、角運動量保存法則から成り立つのではないかと考えられる。そこで、この惑星系のある惑星に、人類のような知的生命体が育まれたと仮定すると、その知的生命体には、「左利き」が多いという傾向になるのではないか。

友人に、このような考え方を話したところ、宇宙空間には上も下もないので、北南はどのように決めるのかという質問を受

けた。それには、次のように答えた。天体には磁場がある。太陽も地球も双極の棒磁石と考えてよい。双極の場合、S極とN極があるので、S極のある方を北と決めればよい。太陽と地球の場合、このようにして北を決めている。他の恒星も、太陽のように決めることができる。なお、調べてみると、4極の磁場を持つ天体もあるようなので、そこまでいくと私の手に追えなくなる。

　火星や水星のような固体の天体は、目印を見つけて、それが一周するのにかかる時間を計測すれば、自転周期がわかる。しかし、気体でできた惑星には目印がない。木星は大赤斑で決めたようだが、天王星や海王星にはそれがない。このような場合、これらの惑星も双極の棒磁石と考えてよいので、磁場の軸が一周する時間を測っている。なお、天王星と海王星は磁場軸と自転軸が識別できるので問題ないが、土星は磁場軸と自転軸がほとんど重なっているので、天文学者は困っているようだ。

　ここで余談を1つ。上記の時計とは逆回りを『広辞苑』では「左回り」と書いているようだ。野球を思い出してもらいたい。右投手の投げるときの回転、さらに右打者の打つときの回転は「左回り」になる。上記のように「右利き」はこの回転が自然の回転である。また、社交ダンスでは、この回転が「ナチュラルターン」で、時計回りは「リバースターン」という。そこで、私は違和感を持つ。だから、時計とは逆回りを「右回り」とすべきだと主張したい。そこで友人とこの話題について議論したところ、彼は「『広辞苑』に書いてあるのだから正しい。権威ある書物だからこれが正しい」と主張した。私は反論した

が、その後議論は平行線で、適当な時期にこの話題からお互いが離れることにした。

「権威ある書物に書いてあるから正しい。権威ある人が言ったことは正しい」という考え方は良くないと考える。拙書『地球の影』で書いたように、権威ある天文学者が、惑星は現在あるところで形成され、約46億年間現在の公転を続けてきたと言った。そこで、ホットジュピターの存在を知って、天文学者は困惑した。このように、身近なところに良い例があるので、1つ1つよく考えて、真実の姿を見るようにしないと、数学も含めた自然科学では、新しい発見はできないのではないかと私は考える。

宇宙暦56年（2024年）初夏

# 参考文献

## 第1部　銀河

### 第1章　銀河観測史

#### 古代の見地

1. William H. Waller, *The Milky Way An Insider's Guide*, Prinston University Press 2013, p. 10–p. 16

#### 望遠鏡の登場

1. Dan Falk, How Gallileo blended science and art, November 2020 *Astronomy*, Kalmbach Media Co.
2. Brian Jones, Bringing order to the southern skies, June 2013 *Astronomy*, Kalmbach Media Co.
3. William H. Waller, *The Milky Way An Insider's Guide*, Prinston University Press 2013, p. 18–p. 25

#### 測定天文学

1. William H. Waller, *The Milky Way An Insider's Guide*, Prinston University Press 2013, p. 27–p. 30

#### 分光器

1. William H. Waller, *The Milky Way An Insider's Guide*, Prinston University Press 2013, p. 32

#### 写真

1. William H. Waller, *The Milky Way An Insider's Guide*, Prinston University Press 2013, p. 32–p. 34

#### コンピュータ達

1. William H. Waller, *The Milky Way An Insider's Guide*, Prinston

University Press 2013, p. 34

## HR図

1. William H. Waller, *The Milky Way An Insider's Guide*, Prinston University Press 2013, p. 34–p. 36
2. William H. Waller, *The Milky Way An Insider's Guide*, Prinston University Press 2013, p. 104–p. 107
3. 完全放射体　黒体　HR図でわかること　Wikipedia

## 星雲の謎

1. William H. Waller, *The Milky Way An Insider's Guide*, Prinston University Press 2013, p. 36

## エドワード・エマーソン・バーナード

1. William H. Waller, *The Milky Way An Insider's Guide*, Prinston University Press 2013, p. 36–p. 39

## カプテインの宇宙

1. William H. Waller, *The Milky Way An Insider's Guide*, Prinston University Press 2013, p. 39–p. 40

## ヘンリエッタ・スワン・リーヴィット

1. William H. Waller, *The Milky Way An Insider's Guide*, Prinston University Press 2013, p. 42–p. 44

## ハーロー・シャプレー

1. William H. Waller, *The Milky Way An Insider's Guide*, Prinston University Press 2013, p. 44–p. 45

## 世紀の大論争

1. William H. Waller, *The Milky Way An Insider's Guide*, Prinston University Press 2013, p. 45–p. 48

### エドウィン・ハッブル

1. William H. Waller, *The Milky Way An Insider's Guide*, Prinston University Press 2013, p. 48–p. 49

### ミルキーウェイ銀河の把握

1. William H. Waller, *The Milky Way An Insider's Guide*, Prinston University Press 2013, p. 49–p. 52

## 第2章　天体からの光

1. Michael E. Bakich, How astronomers make sense of starlight, December 2011 *Astronomy*, Kalmbach Media Co.

## 第3章　波長を超えて

### 宇宙電波放射

1. William H. Waller, *The Milky Way An Insider's Guide*, Prinston University Press 2013, p. 55–p. 58

### ダークマターの存在

1. William H. Waller, *The Milky Way An Insider's Guide*, Prinston University Press 2013, p. 58–p. 60

### マイクロ波

1. William H. Waller, *The Milky Way An Insider's Guide*, Prinston University Press 2013, p. 62–p. 65

### サブミリメーター波

1. William H. Waller, *The Milky Way An Insider's Guide*, Prinston University Press 2013, p. 65–p. 68
2. アタカマ大型ミリ波サブミリ波干渉計　Wikipedia
3. 奥山京『天文学シリーズ3　太陽系探究』2024年、東京図書出版

### 赤外線波長

1. William H. Waller, *The Milky Way An Insider's Guide*, Prinston University Press 2013, p. 68–p. 72

2. Richard Talcott, How the Webb telescope is changing astronomy, June 2023 *Astronomy*, Kalmbach Media Co.

### 可視光波長

1. William H. Waller, *The Milky Way An Insider's Guide*, Prinston University Press 2013, p. 72–p. 74

### 紫外線波長

1. William H. Waller, *The Milky Way An Insider's Guide*, Prinston University Press 2013, p. 74–p. 79

### Ｘ線波長

1. William H. Waller, *The Milky Way An Insider's Guide*, Prinston University Press 2013, p. 78–p. 80

### ガンマ線波長

1. William H. Waller, *The Milky Way An Insider's Guide*, Prinston University Press 2013, p. 80–p. 81

## 第４章　銀河の形成と進化

1. Michael E. Bakich, LIVING IN THE UNIVERSE, How to build a galaxy, January 2021 *Astronomy*, Kalmbach Media Co.

### 上から下へか、あるいは下から上へか

1. Michael E. Bakich, How to build a galaxy, January 2021 *Astronomy*, Kalmbach Media Co.

### 成長する銀河

1. Michael E. Bakich, How to build a galaxy, January 2021 *Astronomy*, Kalmbach Media Co.

### ディスクから球形に
1. Michael E. Bakich, How to build a galaxy, January 2021 *Astronomy*, Kalmbach Media Co.

### ミルキーウェイ銀河の詳細
1. Anthony G.A. Brown, How Gaia will map a billion stars, December 2014 *Astronomy*, Kalmbach Media Co.

## 第5章　ミルキーウェイの銀河概要

### 内部構造
1. John S. Gallagher III, Rosemary Wyse, and Robert Benjamin, The new Milky Way, September 2011 *Astronomy*, Kalmbach Media Co.

### 内部から見たミルキーウェイ銀河
1. Richard Talcott, The Milky Way: The view from inside, September 2011 *Astronomy*, Kalmbach Media Co.

### 種々の眺望
1. Richard Talcott, The Milky Way inside and out, The Milkey Way Inside and Out, 2018 別冊 *Astronomy*, Kalmbach Media Co.

## 第2部　ミルキーウェイ銀河内部

## 第1章　太陽系近隣
1. William H. Waller, *The Milky Way An Insider's Guide*, Prinston University Press 2013, p. 82

### 近隣恒星調査
1. William H. Waller, *The Milky Way An Insider's Guide*, Prinston University Press 2013, p. 83–p. 89
2. 奥山京『天文学シリーズ3　太陽系探究』2024年、東京図書出版

3. 奥山京『天文学シリーズ2　ブラックホールの実体』2023年、東京図書出版

ローカルバブル
1. William H. Waller, *The Milky Way An Insider's Guide*, Prinston University Press 2013, p. 93–p. 98
2. シンクロトロン放射「天文学辞典」日本天文学会

グールドベルト
1. William H. Waller, *The Milky Way An Insider's Guide*, Prinston University Press 2013, p. 98–p. 101

第2章　銀河の形状
1. William H. Waller, *The Milky Way An Insider's Guide*, Prinston University Press 2013, p. 102–p. 103

構成要素
1. David J. Eicher, *The New Cosmos*, Cambridge University Press 2015, p. 119–p. 122

距離測定
1. David J. Eicher, *The New Cosmos*, Cambridge University Press 2015, p. 123–p. 124

散開星団
1. David J. Eicher, *The New Cosmos*, Cambridge University Press 2015, p. 124–p. 125

球状星団
1. David J. Eicher, *The New Cosmos*, Cambridge University Press 2015, p. 125–p. 126
2. 奥山京『天文学シリーズ2　ブラックホールの実体』2023年、東京図書出版

## バルジ

1. David J. Eicher, *The New Cosmos*, Cambridge University Press 2015, p. 126–p. 127

## 銀河の中心部

1. David J. Eicher, *The New Cosmos*, Cambridge University Press 2015, p. 127

## 星間空間

1. David J. Eicher, *The New Cosmos*, Cambridge University Press 2015, p. 127

## バーを持った渦巻銀河

1. David J. Eicher, *The New Cosmos*, Cambridge University Press 2015, p. 128–p. 129

## GLIMPSE

1. David J. Eicher, *The New Cosmos*, Cambridge University Press 2015, p. 129–p. 131

# 第3章　オリオン星雲

## 関係神話

1. Raymond Shubinski, Inside the Orion Nebula, The Milkey Way Inside and Out, 2018 別冊 *Astronomy*, Kalmbach Media Co.

## 位置

1. Raymond Shubinski, Inside the Orion Nebula, The Milkey Way Inside and Out, 2018 別冊 *Astronomy*, Kalmbach Media Co.

## 初めて見た人

1. Raymond Shubinski, Inside the Orion Nebula, The Milkey Way Inside and Out, 2018 別冊 *Astronomy*, Kalmbach Media Co.

## ガリレオとの関係

1. Raymond Shubinski, Inside the Orion Nebula, The Milkey Way Inside and Out, 2018 別冊 *Astronomy*, Kalmbach Media Co.

## 観測

1. Raymond Shubinski, Inside the Orion Nebula, The Milkey Way Inside and Out, 2018 別冊 *Astronomy*, Kalmbach Media Co.

## 内部の動揺

1. Raymond Shubinski, Inside the Orion Nebula, The Milkey Way Inside and Out, 2018 別冊 *Astronomy*, Kalmbach Media Co.
2. C. Robert O'Dell, How the Orion Nebula works, December 2012 *Astronomy*, Kalmbach Media Co.

## 構造

1. C. Robert O'Dell, How the Orion Nebula works, December 2012 *Astronomy*, Kalmbach Media Co.
2. Raymond Shubinski, Inside the Orion Nebula, The Milkey Way Inside and Out, 2018 別冊 *Astronomy*, Kalmbach Media Co.

# 第4章　暗黒星雲

1. Richard P. Wilds, Shining light on dark nebulae, December 2020 *Astronomy*, Kalmbach Media Co.

# 第5章　球状星団

## 蛇座球状星団M5

1. Marcia Bartusiak, Exploring the galaxy's starry sarellites, The Milkey Way Inside and Out, 2018 別冊 *Astronomy*, Kalmbach Media Co.

## 初期の研究

1. Marcia Bartusiak, Exploring the galaxy's starry sarellites, The Milkey Way Inside and Out, 2018 別冊 *Astronomy*, Kalmbach Media Co.

### メタルが豊富か、あるいは貧弱か

1. Marcia Bartusiak, Exploring the galaxy's starry sarellites, The Milkey Way Inside and Out, 2018 別冊 *Astronomy*, Kalmbach Media Co.

### 融合が球状星団をつくる

1. Marcia Bartusiak, Exploring the galaxy's starry sarellites, The Milkey Way Inside and Out, 2018 別冊 *Astronomy*, Kalmbach Media Co.

### 古い球状星団が宇宙の年齢を決める

1. Marcia Bartusiak, Exploring the galaxy's starry sarellites, The Milkey Way Inside and Out, 2018 別冊 *Astronomy*, Kalmbach Media Co.

### 恒星のサーカス

1. Marcia Bartusiak, Exploring the galaxy's starry sarellites, The Milkey Way Inside and Out, 2018 別冊 *Astronomy*, Kalmbach Media Co.

### 古い球状星団に太陽系外惑星発見

1. Marcia Bartusiak, Exploring the galaxy's starry sarellites, The Milkey Way Inside and Out, 2018 別冊 *Astronomy*, Kalmbach Media Co.

2. Vanessa Thomas, In an ancient glob, plane hunters strike gold, p. 87 The Milkey Way Inside and Out, 2018 別冊 *Astronomy*, Kalmbach Media Co.

## 第6章 水の世界

1. Nola Taylor Redd, Water worlds in the Milky Way, June 2018 *Astronomy*, Kalmbach Media Co.

2. 奥山京『天文学シリーズ2 ブラックホールの実体』2023年、東京図書出版

3. 奥山京『天文学シリーズ3 太陽系探究』2024年、東京図書出版

第7章　銀河中心探査
1. Liz Kruesi, What lurks in the monstrous heart of the Milky Way?, October 2015 *Astronomy*, Kalmbach Media Co.
2. 奥山京『天文学シリーズ2　ブラックホールの実体』2023年、東京図書出版

第8章　フェルミバブル
1. Liz Kruesi, What's blowing bubbles in the Milky Way?, May 2016 *Astronomy*, Kalmbach Media Co.
2. 奥山京『天文学シリーズ2　ブラックホールの実体』2023年、東京図書出版
3. フェルミバブル　Wikipedia

第9章　銀河内の奇妙な天体
1. Randall Hyman, The galaxy's marvelous rougues and misfits, April 2021 *Astronomy*, Kalmbach Media Co.
2. 奥山京『天文学シリーズ1　地球の影』2022年、東京図書出版

## 第3部　ミルキーウェイ銀河崩壊

第1章　ローカルグループ

概要
1. William H. Waller, *The Milky Way An Insider's Guide*, Prinston University Press 2013, p. 82
2. Katherine Kornei, The Local Group : Our galactic neighborhood, December 2015, *Astronomy*, Kalmbach Media Co.
3. Ray Villard, How the Milkey Way's neighborhood came to be, The Milkey Way Inside and Out, 2018 別冊 *Astronomy*, Kalmbach Media Co.

## 新しい見方

1. Ray Villard, How the Milkey Way's neighborhood came to be, The Milkey Way Inside and Out, 2018 別冊 *Astronomy*, Kalmbach Media Co.

## 混沌から秩序へ

1. Ray Villard, How the Milkey Way's neighborhood came to be, The Milkey Way Inside and Out, 2018 別冊 *Astronomy*, Kalmbach Media Co.

## 矮銀河の捕食

1. Ray Villard, How the Milkey Way's neighborhood came to be, The Milkey Way Inside and Out, 2018 別冊 *Astronomy*, Kalmbach Media Co.

## 奇妙なカップル

1. Ray Villard, How the Milkey Way's neighborhood came to be, The Milkey Way Inside and Out, 2018 別冊 *Astronomy*, Kalmbach Media Co.

## 近隣の実験室

1. Ray Villard, How the Milkey Way's neighborhood came to be, The Milkey Way Inside and Out, 2018 別冊 *Astronomy*, Kalmbach Media Co.

## ローカルグループ内に住んで

1. Ray Villard, How the Milkey Way's neighborhood came to be, The Milkey Way Inside and Out, 2018 別冊 *Astronomy*, Kalmbach Media Co.

## 第2章　銀河の捕食

1. Ray Jayawardhana, How the Milkey Way devours its neighbors, The Milkey Way Inside and Out, 2018 別冊 *Astronomy*, Kalmbach Media

Co.

## 第3章　銀河の崩壊

1. Ray Villard, Skyfire: The impending birth of our supergalaxy, April 2013 *Astronomy*, Kalmbach Media Co.

### アンドロメダ銀河

1. Ray Villard, Skyfire: The impending birth of our supergalaxy, April 2013 *Astronomy*, Kalmbach Media Co.

### 銀河が衝突するとき

1. Abraham Loeb and Thomas Cox, Our galaxy's date with destruction, The Milkey Way Inside and Out, 2018　別　冊 *Astronomy*, Kalmbach Media Co.

### 運命の変化

1. Abraham Loeb and Thomas Cox, Our galaxy's date with destruction, The Milkey Way Inside and Out, 2018　別　冊 *Astronomy*, Kalmbach Media Co.

### 未来へ

1. Ray Villard, Skyfire: The impending birth of our supergalaxy, April 2013 *Astronomy*, Kalmbach Media Co.

### 今から30億年後

1. Ray Villard, Skyfire: The impending birth of our supergalaxy, April 2013 *Astronomy*, Kalmbach Media Co.

### 40億年後

1. Ray Villard, Skyfire: The impending birth of our supergalaxy, April 2013 *Astronomy*, Kalmbach Media Co.

### 50億年後

1. Ray Villard, Skyfire: The impending birth of our supergalaxy, April

2013 *Astronomy*, Kalmbach Media Co.

## 70億年後
1. Ray Villard, Skyfire: The impending birth of our supergalaxy, April
2013 *Astronomy*, Kalmbach Media Co.

## 80億年後
1. Ray Villard, Skyfire: The impending birth of our supergalaxy, April
2013 *Astronomy*, Kalmbach Media Co.

## 90億年後
1. Ray Villard, Skyfire: The impending birth of our supergalaxy, April
2013 *Astronomy*, Kalmbach Media Co.

## 現在に戻って
1. Ray Villard, Skyfire: The impending birth of our supergalaxy, April
2013 *Astronomy*, Kalmbach Media Co.

## 現在衝突中の銀河
1. Ray Villard, Skyfire: The impending birth of our supergalaxy, April
2013 *Astronomy*, Kalmbach Media Co.

# 索引

262

奥山　京（おくやま　たかし）

三重県出身
元山形大学教授　理学博士（数学）
専門分野：無限可換群論
著書『自叙伝　数学者への道1』（東京図書出版）
　　　『自叙伝　数学者への道2』（東京図書出版）
　　　『天文学シリーズ1　地球の影 ― ケプラー
　　　の墓碑銘より ―』（東京図書出版）
　　　『天文学シリーズ2　ブラックホールの実
　　　体』（東京図書出版）
　　　『天文学シリーズ3　太陽系探究』（東京図書
　　　出版）
　　　『飛行機旅行』（東京図書出版）

天文学シリーズ　4

# ミルキーウェイ銀河

2024年7月23日　初版第1刷発行

著　　者　奥山　京
発 行 者　中田 典昭
発 行 所　東京図書出版
発行発売　株式会社 リフレ出版
　　　　　〒112-0001　東京都文京区白山 5-4-1-2F
　　　　　電話 (03)6772-7906　FAX 0120-41-8080
印　　刷　株式会社 ブレイン

© Takashi Okuyama
ISBN978-4-86641-773-8 C0044
Printed in Japan 2024

落丁・乱丁はお取替えいたします。
ご意見、ご感想をお寄せ下さい。